Documento Básico

Protección frente al ruido

Actualizado Abril 2009

Documento Básico

Protección frente al ruido

Actualizado Abril 2009

grupo editorial

Documento Básico HR Protección frente al ruido

Ministerio de la Vivienda
ISBN: 978-84-9281-201-1
IBERGARCETA PUBLICACIONES, S.L., Madrid 2009

Edición: 1.ª
Impresión: 1.ª
N.º de páginas: 92
Formato: 19 × 26 cm
Materia CDU: 69. Construcción. Trabajos y materiales de construcción en general

COPYRIGHT © 2009 IBERGARCETA PUBLICACIONES, S.L.
info@ibergarceta.es
www.garceta.es

Documento Básico HR Protección frente al ruido
Ministerio de la Vivienda
1.ª edición, 1.ª impresión

OI: 25/2009
ISBN: 978-84-9281-201-1
Deposito Legal: M-40812-2009

Impresión:
PRINT HOUSE, S.A.

IMPRESO EN ESPAÑA - PRINTED IN SPAIN

Índice

REAL DECRETO 1371/2007, de 19 de octubre, por el que se aprueba el documento básico "DB-HR Protección frente al ruido" del Código Técnico de la Edificación y se modifica el Real Decreto 314/2006, de 17 de marzo, por el que se aprueba el Código Técnico de la Edificación ("BOE" núm. 254, de 23 de octubre de 2007)

La contaminación acústica que soportan los ciudadanos en los edificios que utilizan es uno de los principales obstáculos para poder disfrutar tanto de una vivienda digna y adecuada como del derecho a un ambiente adecuado. El ruido es además fuente de molestias y enfermedades de los ciudadanos, por lo que las Administraciones Públicas deben establecer los mecanismos adecuados para facilitar el uso de los edificios y que éste se produzca libre de contaminación acústica.

Con los objetivos de mejorar la calidad de la edificación y de promover la innovación y la sostenibilidad, el Gobierno aprobó, mediante el Real Decreto 314/2006, de 17 de marzo, el Código Técnico de la Edificación, en adelante CTE. Se trata del instrumento normativo que regula las exigencias básicas de calidad de los edificios y sus instalaciones permitiendo dar satisfacción a los requisitos básicos de la edificación relacionados con la seguridad y el bienestar.

Estos requisitos básicos de la edificación fueron establecidos en la Ley 38/1999, de 5 de noviembre, de Ordenación de la Edificación, con el fin de garantizar la seguridad de las personas, el bienestar de la sociedad, y la protección del medio ambiente. En esta Ley 38/1999, en su disposición final segunda, se autoriza al Gobierno para que, mediante real decreto, apruebe un CTE en el que se establezcan las exigencias básicas que deben cumplirse en los edificios, en relación con los requisitos básicos relativos a la seguridad y a la habitabilidad, enumerados en los apartados 1b) y 1c) del artículo 3, entre los cuales se incluye el relativo a la protección contra el ruido.

En el CTE ya aprobado, en su artículo 14, se detallan las exigencias básicas de protección frente al ruido. No obstante, se indica que hasta que se apruebe el Documento Básico "DB-HR Protección frente al Ruido", en adelante DB-HR, en el que se especificarán parámetros objetivos y sistemas de verificación cuyo cumplimiento asegura la satisfacción de las exigencias básicas y la superación de los niveles mínimos de calidad propios del requisito básico de protección frente al ruido, se aplicará la vigente Norma Básica de la Edificación "NBE CA-88 Condiciones acústicas en los edificios".

Por otra parte, en el artículo 8 de la Ley 37/2003, de 17 de noviembre, del Ruido, mediante la que se realizó la transposición parcial al derecho interno la Directiva 2002/49/CE del Parlamento Europeo y del Consejo, de 25 de junio de 2002, sobre evaluación y gestión del ruido ambiental, se especificó que el Gobierno, mediante reglamento, debería fijar "objetivos de calidad acústica" aplicables al espacio interior habitable de las edificaciones destinadas a vivienda, usos residenciales, hospitalarios, educativos o culturales, y además en su disposición adicional cuarta, se indicó igualmente que el CTE deberá incluir un sistema de verificación acústica de las edificaciones.

Además, el Real Decreto 1513/2005, de 16 de diciembre, por el que se desarrolla la Ley 37/2003, de 17 de noviembre, del Ruido, en lo referente a la evaluación y gestión del ruido ambiental, regula determinadas actuaciones como son la elaboración de mapas estratégicos de ruido para determinar la exposición de la población al ruido ambiental, así como, poner a disposición de la población la información sobre ruido ambiental de que dispongan las autoridades competentes en relación con el cartografiado acústico. Igualmente desarrolla las previsiones legales relativas a los índices de ruido que deben considerarse y que se detallan en su anexo I.

Es evidente que el desarrollo reglamentario de la Ley del Ruido tiene implicaciones sobre el CTE, dado que se establecen los citados "objetivos de calidad acústica", a través de los correspondientes valores de los índices de inmisión de ruido y de vibraciones. Las exigencias de ese desarrollo reglamentario, tanto para ruido exterior, como los objetivos de calidad acústica exigidos al espacio interior de los edificios, deben estar en coordinación con las exigencias de aislamiento de fachadas previstas en el DB-HR del CTE. En definitiva se trata de que los "objetivos de calidad acústica" de una Ley, desarrollados en su reglamento, se puedan presumir alcanzados con las "exigencias de aislamiento" de la otra Ley, desarrollados reglamentariamente en el CTE, de una forma armonizada.

Además, y sin perjuicio de la inmediata entrada en vigor de este real decreto, y de la consiguiente aplicación del DB-HR, dada su complejidad, se ha considerado necesario establecer, de un lado, un régimen transitorio que permita la aplicación temporal de la norma básica de la edificación NBE CA-88, vigente hasta el momento y que es objeto de derogación en este real decreto, y de otro lado, un régimen transitorio para la aplicación futura de las exigencias básicas desarrolladas en esta parte del CTE que se aprueba. A tal efecto, se prevé en las disposiciones transitorias segunda y tercera la existencia de un periodo transitorio de 12 meses, aplicable en relación con la norma que se detalla.

De igual modo, en la disposición final primera, se establece el carácter básico de la norma que no supone incertidumbre jurídica por oposición a la normativa básica de las Comunidades Autónomas ya que el Tribunal Constitucional admite excepcionalmente el establecimiento de las bases mediante normas reglamentarias cuyo contenido tenga un carácter marcadamente técnico como es este caso.

Por otra parte, tras la aprobación y publicación en el Boletín Oficial del Estado del Real Decreto 314/2006, de 17 de marzo, por el que se aprueba el CTE, se ha detectado, en el proceso de su aplicación a situaciones reales, la necesidad de realizar determinadas modificaciones en el mismo con el fin de hacer más clara y precisa su aplicación. Es oportuno, pues, aprobar estas modificaciones aprovechando la disposición aprobatoria del DB-HR.

Resultan igualmente necesarias las derogaciones del Real Decreto 1909/1981, de 24 de julio, el Real Decreto 2115/1982, de 12 de agosto, y la Orden de 29 de septiembre de 1988, todas ellas relativas a la Norma Básica de la Edificación NBE-CA sobre condiciones acústicas en los edificios, así como la Orden de 31 de mayo de 1985, de la Presidencia de Gobierno, por la que se aprueba el Pliego General de condiciones para la recepción de yesos y escayolas en las obras de construcción, RY-85, la Orden de 27 de julio de 1988, del Ministerio de Relaciones con las Cortes y de la Secretaría del Gobierno, por la que se aprueba el pliego de condiciones para la recepción de ladrillos cerámicos en las obras de construcción RL-88, y la Orden de 4 de julio de 1990, del Ministerio de Obras públicas y Urbanismo, por la que se aprueba el pliego de prescripciones técnicas generales para la recepción de bloques de hormigón en las obras de construcción, RB-90, que resultan incompatibles con las disposiciones de desarrollo del Real Decreto 1630/1992, de 29 de diciembre, del Ministerio de Relaciones con las Cortes y de la Secretaría del Gobierno, por el que se dictan disposiciones para la libre circulación de productos de construcción, en aplicación de la Directiva 89/106/CEE, modificado por el Real Decreto 1328/1995, de 28 de julio, relativas al obligatorio Marcado CE, para dichos productos.

En relación con ello, la disposición derogatoria única detalla la normativa básica de la edificación que se deroga.

En la tramitación de este real decreto se han cumplido los trámites establecidos en la Ley 50/1997, de 27 de noviembre, del Gobierno, dándose audiencia a las asociaciones profesionales y a los sectores afectados, en el Real Decreto 1337/1999, de 31 de julio, por el que se regula la remisión de información en materia de normas y reglamentaciones técnicas y de las reglas relativas a los servicios de la sociedad de la información, en aplicación de la Directiva 98/34/CE del Consejo, de 28 de marzo, por la que se establece un procedimiento de información en materia de las normas y reglamentaciones técnicas, y se ha oído a las Comunidades Autónomas,

El Consejo para la Sostenibilidad, Innovación y Calidad de la Edificación, y la Conferencia Sectorial de Vivienda, han informado favorablemente este real decreto.

En su virtud, a propuesta de la Ministra de Vivienda, de acuerdo con el Consejo de Estado y previa deliberación del Consejo de Ministros en su reunión del día 19 de octubre de 2007

DISPONGO:

Artículo único. *Aprobación del Documento Básico "DBHR Protección frente al Ruido" del CTE.*

Se aprueba el Documento Básico "DB-HR Protección frente al Ruido" del CTE, cuyo texto se incluye como Anexo.

Disposición transitoria primera. *Edificaciones a las que no se aplicará el Documento Básico "DB-HR Protección frente al ruido" del CTE.*

El Documento Básico "DB-HR Protección frente al ruido" del CTE no será de aplicación a las obras de nueva construcción y a las obras en los edificios existentes que tengan solicitada la licencia municipal de obras a la entrada en vigor de este real decreto.

Disposición transitoria segunda. *Régimen de aplicación de la normativa anterior al Documento Básico "DB-HR Protección frente al ruido" del CTE.*

Durante los 12 meses posteriores a la entrada en vigor de este real decreto, podrá continuar aplicándose el Real Decreto 1909/1981, de 24 de julio, por el que se aprueba la norma básica de la edificación NBE CA-81 sobre condiciones acústicas en los edificios, modificada por el Real Decreto 2115/1982, de 12 de agosto, pasando a llamarse NBE CA-82, y revisada por Orden de 29 de septiembre de 1988, pasando a denominarse NBE CA-88, sin perjuicio de su derogación expresa en la disposición derogatoria única de este real decreto.

Durante dicho periodo transitorio, se podrá optar por aplicar la anterior norma básica o podrán aplicarse las exigencias básicas desarrolladas en el Documento Básico "DB-HR Protección frente al ruido" del CTE que se aprueba.

Disposición transitoria tercera. *Régimen de aplicación del Documento Básico "DB-HR Protección frente al ruido" del CTE.*

Durante los 12 meses posteriores a la entrada en vigor de este real decreto podrán aplicarse las exigencias básicas desarrolladas en el Documento Básico "DB-HR Protección frente al ruido" del CTE, sin perjuicio de lo previsto en la disposición final tercera de este real decreto sobre su entrada en vigor.

Una vez finalizado este periodo transitorio, será obligatoria la aplicación de las exigencias básicas desarrolladas en el Documento Básico "DB-HR Protección frente al ruido" del CTE que se aprueba.

Disposición transitoria cuarta. *Comienzo de la obras.*

Todas las obras a cuyos proyectos se les conceda licencia municipal de obras al amparo de las disposiciones transitorias anteriores deberán comenzar en el plazo máximo de tres meses, contado desde la fecha de concesión de la misma. En caso contrario, los proyectos deberán adaptarse a las nuevas exigencias relativas a la protección frente al ruido que se aprueban.

Disposición derogatoria única. *Derogación normativa.*

Quedarán derogadas, a partir de la entrada en vigor de este real decreto, las siguientes disposiciones:

El Real Decreto 1909/1981, de 24 de julio, por el que se aprueba la norma básica de la edificación NBE CA-81 sobre condiciones acústicas en los edificios, el Real Decreto 2115/1982, de 12 de agosto, por el que se modifica, pasando a llamarse NBE CA-82, y la Orden de 29 de septiembre de 1988, por la que se revisa, pasando a denominarse NBE CA-88.

La Orden de 31 de mayo de 1985, de la Presidencia de Gobierno, por la que se aprueba el Pliego General de condiciones para la recepción de yesos y escayolas en las obras de construcción, RY-85.

La Orden de 27 de julio de 1988, del Ministerio de Relaciones con las Cortes y de la Secretaría del Gobierno, por la que se aprueba el pliego de condiciones para la recepción de ladrillos cerámicos en las obras de construcción RL-88.

La Orden 4 de julio de 1990, del Ministerio de Obras públicas y Urbanismo, por la que se aprueba el pliego de prescripciones técnicas generales para la recepción de bloques de hormigón en las obras de construcción, RB-90.

Asimismo, quedan derogadas cuantas disposiciones de igual o inferior rango se opongan a lo establecido en este real decreto.

Disposición final primera. *Normativa de Prevención de Riesgos Laborales.*

Las exigencias desarrolladas en el Documento Básico "DB-HR Protección frente al ruido" del CTE se aplicarán sin perjuicio de la obligatoriedad del cumplimiento de la normativa de prevención de riesgos laborales que resulte aplicable.

Disposición final segunda. *Modificación del Real Decreto 314/2006, de 17 de marzo, por el que se aprueba el CTE.*

....

Disposición final tercera. *Título competencial.*

Este real decreto tiene carácter básico y se dicta al amparo de las competencias que se atribuyen al Estado en los artículos 149.1.16.ª, 23.ª y 25.ª de la Constitución Española, en materia de bases y coordinación nacional de la sanidad, protección del medio ambiente y bases del régimen minero y energético, respectivamente.

Disposición final cuarta. *Entrada en vigor.*

Este real decreto entrará en vigor el día siguiente al de su publicación en el "Boletín Oficial de Estado".

Índice
de búsqueda rápida

Introducción

I Objeto

Este Documento Básico (DB) tiene por objeto establecer reglas y procedimientos que permiten cumplir las exigencias básicas de protección frente al ruido. La correcta aplicación del DB supone que se satisface el requisito básico "Protección frente al ruido".

Tanto el objetivo del requisito básico "Protección frente al ruido", como las exigencias básicas se establecen en el artículo 14 de la Parte I de este CTE y son los siguientes:

Artículo 14. Exigencias básicas de protección frente al ruido (HR)

El objetivo del requisito básico "Protección frente al ruido" consiste en limitar, dentro de los edificios y en condiciones normales de utilización, el riesgo de molestias o enfermedades que el ruido pueda producir a los usuarios como consecuencia de las características de su proyecto, construcción, uso y mantenimiento.

Para satisfacer este objetivo, los edificios se proyectarán, construirán y mantendrán de tal forma que los elementos constructivos que conforman sus *recintos* tengan unas características acústicas adecuadas para reducir la transmisión del ruido aéreo, del ruido de impactos y del ruido y vibraciones de las instalaciones propias del edificio, y para limitar el ruido reverberante de los *recintos*.

El Documento Básico "DB HR Protección frente al ruido" especifica parámetros objetivos y sistemas de verificación cuyo cumplimiento asegura la satisfacción de las exigencias básicas y la superación de los niveles mínimos de calidad propios del requisito básico de protección frente al ruido.

II Ámbito de aplicación

El ámbito de aplicación de este DB es el que se establece con carácter general para el CTE en su artículo 2 (Parte I) exceptuándose los casos que se indican a continuación:

a)   los *recintos ruidosos*, que se regirán por su reglamentación específica;

b)   los *recintos* y edificios de pública concurrencia destinados a espectáculos, tales como auditorios, salas de música, teatros, cines, etc., que serán objeto de estudio especial en cuanto a su diseño para el acondicionamiento acústico, y se considerarán *recintos de actividad* respecto a las unidades de uso colindantes a efectos de aislamiento acústico;

c)   las aulas y las salas de conferencias cuyo volumen sea mayor que 350 m³, que serán objeto de un estudio especial en cuanto a su diseño para el acondicionamiento acústico, y se considerarán *recintos protegidos* respecto de otros *recintos* y del exterior a efectos de aislamiento acústico;

d)   las obras de ampliación, modificación, reforma o rehabilitación en los edificios existentes, salvo cuando se trate de rehabilitación integral. Asimismo quedan excluidas las obras de rehabilitación integral de los edificios protegidos oficialmente en razón de su catalogación, como bienes de interés cultural, cuando el cumplimiento de las exigencias suponga alterar la configuración de su *fachada* o su distribución o acabado interior, de modo incompatible con la conservación de dichos edificios.

El contenido de este DB se refiere únicamente a las exigencias básicas relacionadas con el requisito básico "Protección frente al ruido". También deben cumplirse las exigencias básicas de los demás requisitos básicos, lo que se posibilita mediante la aplicación del DB correspondiente a cada uno de ellos.

III Criterios generales de aplicación

Pueden utilizarse otras soluciones diferentes a las contenidas en este DB, en cuyo caso deberá seguirse el procedimiento establecido en el artículo 5 del CTE y deberá documentarse en el proyecto el cumplimiento de las exigencias básicas.

El Catálogo de Elementos Constructivos del CTE aporta valores para determinadas características técnicas exigidas en este documento básico. Los valores que el Catálogo asigna a soluciones constructivas que no se fabrican industrialmente sino que se generan en la obra tienen garantía legal en cuanto a su aplicación en los proyectos, mientras que para los productos de construcción fabricados industrialmente dichos valores tienen únicamente carácter genérico y orientativo.

Cuando se cita una disposición reglamentaria en este DB debe entenderse que se hace referencia a la versión vigente en el momento en el que se aplica el mismo. Cuando se cita una UNE debe entenderse que se hace referencia a la versión que se indica, aún cuando exista una versión posterior, excepto cuando se trate de normas correspondientes a normas EN o EN ISO cuya referencia haya sido publicada en el diario oficial de la Unión Europea en el marco de la aplicación de la Directiva 89/106/CE sobre productos de construcción, en cuyo caso la cita debe relacionarse con la versión de dicha referencia.

Como ayuda a la aplicación del Documento Básico DB-HR Protección frente al ruido, el Ministerio de Vivienda elaborará y mantendrá actualizada una Guía de aplicación del DB-HR, de carácter no vinculante, en la que se establecerán aclaraciones a conceptos y procedimientos y ejemplos de aplicación y que incluirá además unas fichas correspondientes a los diferentes apartados del DB, diseño, ejecución y control, con detalles constructivos, secuencias del proceso de ejecución, listados de chequeo en control, etc. Esta guía se considerará Documento Reconocido a efectos de su aplicación.

IV Condiciones particulares para el cumplimiento del DB-HR

La aplicación de los procedimientos de este DB se llevará a cabo de acuerdo con las condiciones particulares que en el mismo se establecen y con las condiciones generales para el cumplimiento del CTE, las condiciones de proyecto, las condiciones en la ejecución de las obras y las condiciones del edificio que figuran en los artículos 5, 6, 7 y 8, respectivamente, de la Parte I del CTE.

V Terminología

A efectos de aplicación de este DB, los términos que figuran en letra cursiva deben utilizarse conforme al significado y a las condiciones que se establecen para cada uno de ellos, bien en el Anejo A de este DB, cuando se trate de términos relacionados únicamente con el requisito básico "Protección frente al ruido", bien en el Anejo III de la Parte I del CTE, cuando sean términos de uso común en el conjunto del Código.

1. Generalidades

1.1 PROCEDIMIENTO DE VERIFICACIÓN

1   Para satisfacer las exigencias del CTE en lo referente a la protección frente al ruido deben:

a)   alcanzarse los valores límite de *aislamiento acústico a ruido aéreo* y no superarse los valores límite de *nivel de presión de ruido de impactos* (*aislamiento acústico a ruido de impactos*) que se establecen en el apartado 2.1;

b)   no superarse los valores límite de *tiempo de reverberación* que se establecen en el apartado 2.2;

c)   cumplirse las especificaciones del apartado 2.3 referentes al ruido y a las vibraciones de las instalaciones.

2   Para la correcta aplicación de este documento debe seguirse la secuencia de verificaciones que se expone a continuación:

a)   cumplimiento de las condiciones de diseño y de dimensionado del *aislamiento acústico a ruido aéreo* y del *aislamiento acústico a ruido de impactos* de los *recintos* de los edificios; esta verificación puede llevarse a cabo por cualquiera de los procedimientos siguientes:

i)   mediante la opción simplificada, comprobando que se adopta alguna de las soluciones de aislamiento propuestas en el apartado 3.1.2.

ii)   mediante la opción general, aplicando los métodos de cálculo especificados para cada tipo de ruido, definidos en el apartado 3.1.3; Independientemente de la opción elegida, deben cumplirse las condiciones de diseño de las uniones entre elementos constructivos especificadas en el apartado 3.1.4.

b)   cumplimiento de las condiciones de diseño y dimensionado del *tiempo de reverberación* y de absorción acústica de los *recintos* afectados por esta exigencia, mediante la aplicación del método de cálculo especificado en el apartado 3.2.

c)   cumplimiento de las condiciones de diseño y dimensionado del apartado 3.3 referentes al ruido y a las vibraciones de las instalaciones.

d)   cumplimiento de las condiciones relativas a los productos de construcción expuestas en el apartado 4.

e)   cumplimiento de las condiciones de construcción expuestas en el apartado 5.

f)   cumplimiento de las condiciones de mantenimiento y conservación expuestas en el apartado 6.

3   Para satisfacer la justificación documental del proyecto, deben cumplimentarse las fichas justificativas del Anejo K, que se incluirán en la memoria del proyecto.

2 Caracterización y cuantificación de las exigencias

1   Para satisfacer las exigencias básicas contempladas en el artículo 14 de este Código deben cumplirse las condiciones que se indican a continuación, teniendo en cuenta que estas condiciones se aplicarán a los elementos constructivos totalmente acabados, es decir, albergando las instalaciones del edificio o incluyendo cualquier actuación que pueda modificar las características acústicas de dichos elementos.

2   Con el cumplimiento de las exigencias anteriores se entenderá que el edificio es conforme con las exigencias acústicas derivadas de la aplicación de los *objetivos de calidad acústica* al espacio interior de las edificaciones incluidas en la Ley 37/2003, de 17 de noviembre, del Ruido y sus desarrollos reglamentarios.

2.1 VALORES LÍMITE DE AISLAMIENTO

2.1.1 Aislamiento acústico a ruido aéreo

Los elementos constructivos interiores de separación, así como las *fachadas*, las *cubiertas*, las *medianerías* y los *suelos* en contacto con el aire exterior que conforman cada *recinto* de un edificio deben tener, en conjunción con los elementos constructivos adyacentes, unas características tales que se cumpla:

a)   En los *recintos protegidos*:

   i)   Protección frente al ruido generado en recintos pertenecientes a la misma *unidad de uso* en edificios de uso residencial privado:

   -   El índice global de reducción acústica, ponderado A, R_A, de la *tabiquería* no será menor que 33 dBA.

   ii)   Protección frente al ruido generado en recintos no pertenecientes a la misma *unidad de uso*:

   -   El *aislamiento acústico a ruido aéreo*, $D_{nT,A}$, entre un *recinto protegido* y cualquier otro recinto habitable o protegido del edificio no perteneciente a la misma *unidad de uso* y que no sea *recinto de instalaciones* o de *actividad*, colindante vertical u horizontalmente con él, no será menor que 50 dBA, siempre que no compartan puertas o ventanas.

   Cuando sí las compartan, el índice global de reducción acústica, R_A, de éstas no será menor que 30 dBA y el índice global de reducción acústica, R_A, del cerramiento no será menor que 50 dBA.

   iii)   Protección frente al ruido generado en *recintos de instalaciones* y en *recintos de actividad*:

   -   El *aislamiento acústico a ruido aéreo*, $D_{nT,A}$, entre un *recinto protegido* y un *recinto de instalaciones* o un *recinto de actividad*, colindante vertical u horizontalmente con él, no será menor que 55 dBA.

   iv)   Protección frente al ruido procedente del exterior:

   -   El *aislamiento acústico a ruido aéreo*, $D_{2m,nT,Atr}$, entre un *recinto protegido* y el exterior no será menor que los valores indicados en la tabla 2.1, en función del uso del edificio y de los valores del índice de ruido día, L_d, definido en el Anexo I del Real Decreto 1513/2005, de 16 de diciembre, de la zona donde se ubica el edificio.

   v)   Protección frente al ruido procedente del exterior:

   -   El *aislamiento acústico a ruido aéreo*, $D_{2m,nT,Atr}$, entre un *recinto protegido* y el exterior no será menor que los valores indicados en la tabla 2.1, en función del uso del edificio y de los valores del índice de ruido día, L_d, definido en el Anexo I del Real Decreto 1513/2005, de 16 de diciembre, de la zona donde se ubica el edificio.

Tabla 2.1 Valores de *aislamiento acústico a ruido aéreo*, $D_{2m,nT,Atr}$, en dBA, entre un *recinto protegido* y el exterior, en función del índice de ruido día, L_d.

L_d dBA	Uso del edificio			
	Residencial y hospitalario		Cultural, sanitario[1], docente y administrativo	
	Dormitorios	Estancias	Estancias	Aulas
$L_d \le 60$	30	30	30	30
$60 < L_d \le 65$	32	30	32	30
$65 < L_d \le 70$	37	32	37	32
$70 < L_d \le 75$	42	37	42	37
$L_d > 75$	47	42	47	42

[1] En edificios de uso no hospitalario, es decir, edificios de asistencia sanitaria de carácter ambulatorio, como despachos médicos, consultas, áreas destinadas al diagnóstico y tratamiento, etc.

- El valor del índice de ruido día, L_d, puede obtenerse en las administraciones competentes o mediante consulta de los mapas estratégicos de ruido. En el caso de que un recinto pueda estar expuesto a varios valores de L_d, como por ejemplo un recinto en esquina, se adoptará el mayor valor.

- Cuando no se disponga de datos oficiales del valor del índice de ruido día, L_d, se aplicará el valor de 60 dBA para el tipo de área acústica relativo a sectores de territorio con predominio de suelo de uso residencial. Para el resto de áreas acústicas, se aplicará lo dispuesto en las normas reglamentarias de desarrollo de la Ley 37/2003, de 17 de noviembre, del Ruido en lo referente a zonificación acústica, objetivos de calidad y emisiones acústicas.

- Cuando se prevea que algunas *fachadas*, tales como *fachadas* de patios de manzana cerrados o patios interiores, así como *fachadas* exteriores en zonas o entornos tranquilos, no van a estar expuestas directamente al ruido de automóviles, aeronaves, de actividades industriales, comerciales o deportivas, se considerará un índice de ruido día, Ld, 10 dBA menor que el índice de ruido día de la zona.

- Cuando en la zona donde se ubique el edificio el *ruido exterior dominante* sea el de aeronaves según se establezca en los mapas de ruido correspondientes, el valor de *aislamiento acústico a ruido aéreo*, $D_{2m,nT,Atr}$, obtenido en la tabla 2.1 se incrementará en 4 dBA.

b)   En los *recintos habitables*:

i)   Protección frente al ruido generado en recintos pertenecientes a la misma *unidad de uso*, en edificios de uso residencial privado:

- El índice global de reducción acústica, ponderado A, R_A, de la *tabiquería* no será menor que 33 dBA.

ii)   Protección frente al ruido generado en recintos no pertenecientes a la misma *unidad de uso*:

- El *aislamiento acústico a ruido aéreo*, $D_{nT,A}$, entre un *recinto habitable* y cualquier otro recinto habitable o protegido del edificio no perteneciente a la misma *unidad de uso* y que no sea *recinto de instalaciones* o de *actividad*, colindante vertical u horizontalmente con él, no será menor que 45 dBA, siempre que no compartan puertas o ventanas.

Cuando sí las compartan y sean edificios de uso residencial (público o privado) u hospitalario, el índice global de reducción acústica, R_A, de éstas no será menor que 20 dBA y el índice global de reducción acústica, R_A, del cerramiento no será menor que 50 dBA.

iii)   Protección frente al ruido generado en *recintos de instalaciones* y en *recintos de actividad*:

- El *aislamiento acústico a ruido aéreo*, $D_{nT,A}$, entre un *recinto habitable* y un *recinto de instalaciones*, o un *recinto de actividad*, colindantes vertical u horizontalmente con él, siempre que no compartan puertas, no será menor que 45 dBA. Cuando sí las compartan, el índice global de reducción acústica, R_A, de éstas, no será menor que 30 dBA y el índice global de reducción acústica, R_A, del cerramiento no será menor que 50 dBA.

c)   En los *recintos habitables* y *recintos protegidos* colindantes con otros edificios:

El *aislamiento acústico a ruido aéreo* ($D_{2m,nT,Atr}$) de cada uno de los *cerramientos* de una *medianería* entre dos edificios no será menor que 40 dBA o alternativamente el *aislamiento acústico a ruido aéreo* ($_{DnT,A}$) correspondiente al conjunto de los dos cerramientos no será menor que 50 dBA.

2.1.2 Aislamiento acústico a ruido de impactos

Los elementos constructivos de separación horizontales deben tener, en conjunción con los elementos constructivos adyacentes, unas características tales que se cumpla para los *recintos protegidos*:

a)   En los *recintos protegidos*:

   i)   Protección frente al ruido procedente generado en recintos no pertenecientes a la misma *unidad de uso*:

El *nivel global de presión de ruido de impactos, $L'_{nT,w}$*, en un *recinto protegido* colindante vertical, horizontalmente o que tenga una arista horizontal común con cualquier otro recinto habitable o protegido del edificio, no perteneciente a la misma *unidad de uso* y que no sea *recinto de instalaciones* o *de actividad*, no será mayor que 65 dB.

Esta exigencia no es de aplicación en el caso de *recintos protegidos* colindantes horizontalmente con una escalera.

   ii)   Protección frente al ruido generado en *recintos de instalaciones* o en *recintos de actividad*:

El *nivel global de presión de ruido de impactos, $L'_{nT,w}$*, en un *recinto protegido* colindante vertical, horizontalmente o que tenga una arista horizontal común con un *recinto de actividad* o con un *recinto de instalaciones* no será mayor que 60 dB.

b)   En los *recintos habitables*:

   i)   Protección frente al ruido generado de *recintos de instalaciones* o en *recintos de actividad:*

El *nivel global de presión de ruido de impactos, $L'_{nT,w}$*, en un *recinto habitable* colindante vertical, horizontalmente o que tenga una arista horizontal común con un *recinto de actividad* o con un *recinto de instalaciones* no será mayor que 60 dB.

2.2 Valores límite de *tiempo de reverberación*

1   En conjunto los elementos constructivos, acabados superficiales y *revestimientos* que delimitan un aula o una sala de conferencias, un comedor y un restaurante, tendrán la absorción acústica suficiente de tal manera que:

a)   El *tiempo de reverberación* en aulas y salas de conferencias vacías (sin ocupación y sin mobiliario), cuyo volumen sea menor que 350 m^3, no será mayor que 0,7 s.

b)   El *tiempo de reverberación* en aulas y en salas de conferencias vacías, pero incluyendo el total de las butacas, cuyo volumen sea menor que 350 m^3, no será mayor que 0,5 s.

c)   El *tiempo de reverberación* en restaurantes y comedores vacíos no será mayor que 0,9 s.

2   Para limitar el ruido reverberante en las zonas comunes los elementos constructivos, los acabados superficiales y los *revestimientos* que delimitan una *zona común* de un edificio de uso residencial público, docente y hospitalario colindante con *recintos protegidos* con los que comparten puertas, tendrán la absorción acústica suficiente de tal manera que el área de absorción acústica equivalente, A, sea al menos 0,2 m^2 por cada metro cúbico del volumen del *recinto*.

2.3 Ruido y vibraciones de las instalaciones

1   Se limitarán los niveles de ruido y de vibraciones que las instalaciones puedan transmitir a los *recintos protegidos* y habitables del edificio a través de las sujeciones o puntos de contacto de aquellas con los elementos constructivos, de tal forma que no se aumenten perceptiblemente los niveles debidos a las restantes fuentes de ruido del edificio.

2   El nivel de potencia acústica máximo de los equipos generadores de *ruido estacionario* (como los quemadores, las calderas, las bombas de impulsión, la maquinaria de los ascensores, los compresores, grupos electrógenos, extractores, etc.) situados en *recintos de instalaciones*, así como las rejillas y difusores terminales de instalaciones de aire acondicionado, será tal que se cumplan los niveles de inmisión en los *recintos* colindantes, expresados en el desarrollo reglamentario de la Ley 37/2003 del Ruido.

3   El nivel de potencia acústica máximo de los equipos situados en *cubiertas* y zonas exteriores anejas, será tal que en el entorno del equipo y en los *recintos habitables* y *protegidos* no se *superen los objetivos de calidad acústica* correspondientes.

4   Además se tendrá en cuenta las especificaciones de los apartados 3.3, 3.1.4.1.2, 3.1.4.2.2 y 5.1.4.

3 Diseño y dimensionado

3.1 *AISLAMIENTO ACÚSTICO A RUIDO AÉREO Y A RUIDO DE IMPACTOS*

3.1.1 Datos previos y procedimiento

1   Para el diseño y dimensionado de los elementos constructivos, puede elegirse una de las dos opciones, simplificada o general, que figuran en los apartados 3.1.2 y 3.1.3 respectivamente.

2   En ambos casos, para la definición de los elementos constructivos que proporcionan el aislamiento acústico a *ruido aéreo*, deben conocerse sus valores de masa por unidad de superficie, m, y de índice global de reducción acústica, ponderado A, R_A, y, para el caso de ruido de impactos, además de los anteriores, el nivel global de presión de ruido de impactos normalizado, $L_{n,w}$. Los valores de R_A y de $L_{n,w}$ pueden obtenerse mediante mediciones en laboratorio según los procedimientos indicados en la normativa correspondiente contenida en el Anejo C, del Catálogo de Elementos Constructivos u otros Documentos Reconocidos o mediante otros métodos de cálculo sancionados por la práctica.

3   También debe conocerse el valor del índice de ruido día, Ld, de la zona donde se ubique el edificio, como se establece en el apartado 2.1.1.

3.1.2 Opción simplificada: Soluciones de aislamiento acústico

1   La opción simplificada proporciona soluciones de aislamiento que dan conformidad a las exigencias de aislamiento a ruido aéreo y a ruido de impactos.

2   Una solución de aislamiento es el conjunto de todos los elementos constructivos que conforman un *recinto* (tales como elementos de separación verticales y horizontales, tabiquería, *medianerías, fachadas y cubiertas*) y que influyen en la transmisión del ruido y de las vibraciones entre *recintos* adyacentes o entre el exterior y un *recinto*. (Véase figura 3.1).

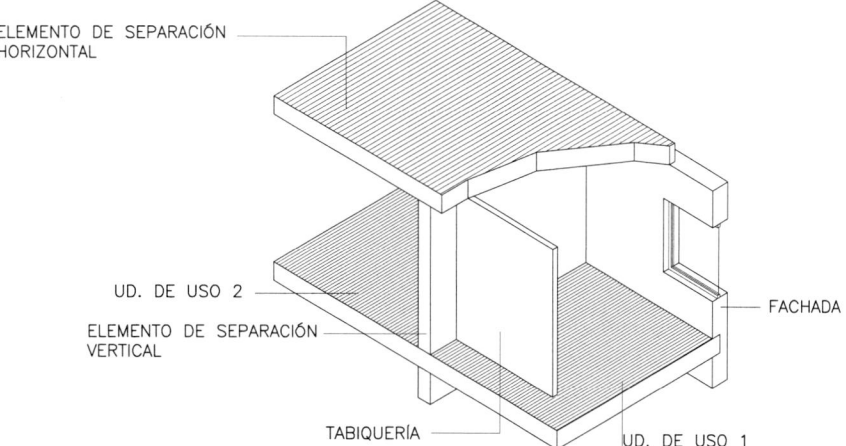

ELEMENTO DE SEPARACIÓN HORIZONTAL

UD. DE USO 2

ELEMENTO DE SEPARACIÓN VERTICAL

FACHADA

TABIQUERÍA

UD. DE USO 1

Figura 3.1 Elementos que componen dos recintos y que influyen en la transmisión de ruido entre ambos

3   Para cada uno de dichos elementos constructivos se establecen en tablas los valores mínimos de los parámetros acústicos que los definen, para que junto con el resto de condiciones establecidas en este DB, particularmente en el punto 3.1.4, se satisfagan los valores límite de aislamiento establecidos en el apartado 2.1.

3.1.2.1 Condiciones de aplicación

1   La opción simplificada es válida para edificios de cualquier uso. En el caso de vivienda unifamiliar adosada, puede aplicarse el Anejo I.

2   La opción simplificada es válida para edificios con una estructura horizontal resistente formada por forjados de hormigón macizos o aligerados, o forjados mixtos de hormigón y chapa de acero.

3.1.2.2 Procedimiento de aplicación

Para el diseño y dimensionado de los elementos constructivos, deben elegirse:

- a)   la tabiquería;
- b)   los elementos de separación horizontales y los verticales (véase apartado 3.1.2.3):
    - i)   entre *unidades de uso* diferentes o entre una *unidad de uso* y cualquier otro *recinto* del edificio que no sea de *instalaciones* o de *actividad*
    - ii)   entre un *recinto protegido* o un *recinto habitable* y un *recinto de actividad* o un *recinto de instalaciones*;
- c)   las *medianerías* (véase apartado 3.1.2.4);
- d)   las *fachadas*, las *cubiertas* y los suelos en contacto con el aire exterior. (véase apartado 3.1.2.5)

3.1.2.3 Elementos de separación

3.1.2.3.1 Definición y composición de los elementos de separación

1   Los elementos de separación verticales son aquellas particiones verticales que separan una *unidad de uso* de cualquier *recinto* del edificio o que separan *recintos protegidos* o *habitables* de *recintos de instalaciones* o *de actividad* (Véase figura 3.2). En esta opción se contemplan los siguientes tipos:

- a)   tipo 1: Elementos compuestos por un elemento base de una o dos hojas de fábrica, hormigón o *paneles prefabricados pesados* (Eb), sin *trasdosado* o con un *trasdosado* por ambos lados (Tr);
- b)   tipo 2: Elementos de dos hojas de fábrica o *paneles prefabricado pesados* (Eb), con *bandas elásticas* en su perímetro dispuestas en los encuentros de, al menos, una de las hojas con forjados, suelos, techos, pilares y *fachadas*;
- c)   tipo 3: Elementos de dos hojas de *entramado autoportante* (Ee).

En todos los elementos de dos hojas, la cámara debe ir rellena con un material absorbente acústico o amortiguador de vibraciones.

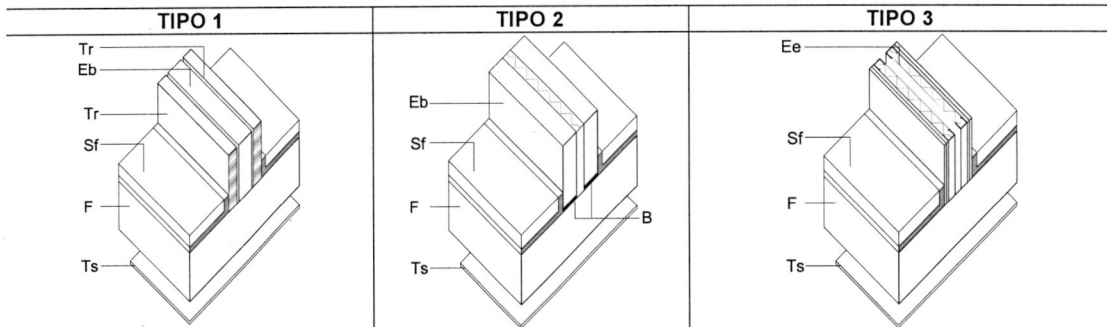

TIPO 1	TIPO 2	TIPO 3

Eb Elemento constructivo base de fábrica o de *paneles prefabrica-*
dos pesados (una o dos hojas)
Tr *Trasdosado*
Ee *Elemento de entramado autoportante*

F   Forjado
Sf *Suelo flotante*
Ts Techo suspendido
B   *Banda elástica*

Figura 3.2 Composición de los elementos de separación entre *recintos*

2   Los elementos de separación horizontales son aquellos que separan una *unidad de uso*,de cualquier otro *recinto* del edificio o que separan un *recinto protegido* o un *recinto habitable* de un *recinto de instalaciones* o de un *recinto de actividad*. Los elementos de separación horizontales están formados por el forjado (F), el *suelo flotante* (Sf) y, en algunos casos, el techo suspendido (Ts). (Véase figura 3.2).

3   La tabiquería está formada por el conjunto de particiones interiores de una *unidad de uso*. En esta opción se contemplan los tipos siguientes (Véase figura 3.3):

    a)   tabiquería de fábrica o de *paneles prefabricados pesados* con apoyo directo en el forjado o en el *suelo flotante*, sin interposición de *bandas elásticas*;

    b)   tabiquería de fábrica o de *paneles prefabricados pesados* con *bandas elásticas* dispuestas al menos en los encuentros inferiores con los forjados, o apoyada sobre el *suelo flotante*;

    c)   tabiquería de *entramado autoportante*.

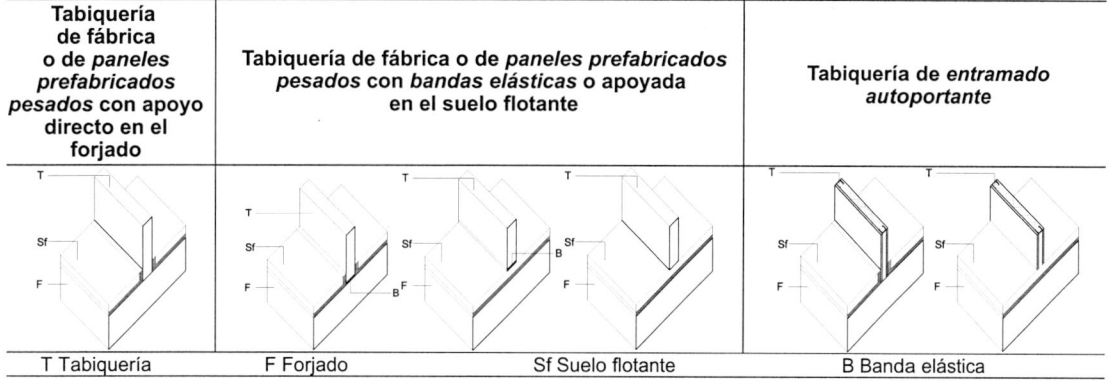

Tabiquería de fábrica o de *paneles prefabricados pesados* con apoyo directo en el forjado	**Tabiquería de fábrica o de *paneles prefabricados pesados* con *bandas elásticas* o apoyada en el suelo flotante**	**Tabiquería de *entramado autoportante***
T Tabiquería	F Forjado	Sf Suelo flotante	B Banda elástica

Figura 3.3 Tipo de tabiquería

4   Las soluciones de elementos de separación de este apartado son válidas para los tipos de *fachadas* y *medianerías* siguientes:

    a)   de una hoja de fábrica o de hormigón;

    b)   de dos hojas: ventilada y no ventilada:

        i)   con hoja exterior, que puede ser:

           -    pesada: fábrica u hormigón

           -    ligera: elementos prefabricados ligeros como panel sándwich o GRC.

        ii)   con una hoja interior, que puede ser de:

           -    fábrica, hormigón o *paneles prefabricados pesados*, ya sea con apoyo directo en el forjado, en el *suelo flotante* o con *bandas elásticas*;

           -    entramado autoportante.

3.1.2.3.2 *Parámetros acústicos de los elementos constructivos*

Los parámetros que definen cada elemento constructivo son los siguientes:

    a)   Para el elemento de separación vertical, la tabiquería y la *fachada*:

        i)   m, masa por unidad de superficie del elemento base, en kg/m^2;

        ii) R_A, índice global de reducción acústica, ponderado A, del elemento base, en dBA;

        iii) ΔR_A, mejora del índice global de reducción acústica, ponderado A, en dBA, debida al *trasdosado*.

    b)   Para el elemento de separación horizontal:

        i)   m, masa por unidad de superficie del forjado, en kg/m^2, que corresponde al valor de masa por unidad de superficie de la sección tipo del forjado, excluyendo ábacos, vigas y macizados;

        ii) R_A, índice global de reducción acústica, ponderado A, del forjado, en dBA;

        iii) ΔL_w, reducción del nivel global de presión de ruido de impactos, en dB, debida al *suelo flotante*;

        iv) ΔR_A, mejora del índice global de reducción acústica, ponderado A, en dBA, debida al *suelo flotante* o al techo suspendido.

3.1.2.3.3 Condiciones mínimas de la tabiquería

En la tabla 3.1 se expresan los valores mínimos de la masa por unidad de superficie, m, y del índice global de reducción acústica, ponderado A, R_A, que deben tener los diferentes tipos de tabiquería.

Tabla 3.1 Parámetros de la tabiquería

Tipo	$\dfrac{m}{kg/m^2}$	R_A dBA
Fábrica o *paneles prefabricados pesados* con apoyo directo	70	35
Fábrica o *paneles prefabricados pesados* con *bandas elásticas*	65	33
Entramado autoportante	25	43

3.1.2.3.4 Condiciones mínimas de los elementos de separación verticales

1   En la tabla 3.2 se expresan los valores mínimos que debe cumplir cada uno de los parámetros acústicos que definen los elementos de separación verticales.. De entre todos los valores de la tabla 3.2, aquéllos que figuran entre paréntesis son los valores que deben cumplir los elementos de separación verticales que delimitan un *recinto de instalaciones* o *un recinto de actividad*. Las casillas sombreadas se refieren a elementos constructivos inadecuados. Las casillas con guión se refieren a elementos de separación verticales que no necesitan *trasdosados*.

2   En el caso de elementos de separación verticales de tipo 1, el *trasdosado* debe aplicarse por ambas caras del elemento constructivo base. Si no fuera posible trasdosar por ambas caras y la transmisión de ruido se produjera principalmente a través del elemento de separación vertical, podrá trasdosarse el elemento constructivo base solamente por una cara, incrementándose en 4 dBA la mejora ΔR_A del *trasdosado* especificada en la tabla 3.2.

3   En el caso de que una *unidad de uso* no tuviera tabiquería interior, como por ejemplo un aula, puede elegirse cualquier elemento de separación vertical de la tabla 3.2.

4   De acuerdo con lo establecido en el apartado 2.1.1, las puertas que comunican un *recinto protegido* de una *unidad de uso* con cualquier otro del edificio que no sea *recinto de instalaciones* o de *actividad*, deben tener un índice global de reducción acústica, ponderado A, R_A, no menor que 30 dBA y si comunican un *recinto habitable* de una *unidad de uso* en un edificio de uso residencial (público o privado) u hospitalario con cualquier otro del edificio que no sea *recinto de instalaciones* o de *actividad*, su índice global de reducción acústica, ponderado A, R_A no será menor que 20 dBA. Si las puertas comunican un *recinto habitable* con un *recinto de instalaciones* o de *actividad*, su índice global de reducción acústica, ponderado A, R_A, no será menor que 30 dBA.

5   Con carácter general, los elementos de la tabla 3.2 son aplicables junto con forjados de masa por unidad de superficie, m, de al menos 300kg/m^2. No obstante, pueden utilizarse con forjados de menor masa siempre que se cumplan las condiciones recogidas en las notas indicadas a pie de tabla para las diferentes soluciones.

6   En el caso de que un elemento de separación vertical acometa a un muro cortina, podrá utilizarse la tabla 3.2 asimilando la fachada a alguna de las contempladas en la tabla, en función del tipo específico de unión entre el muro cortina y el elemento de separación vertical.

7   Con objeto de limitar las transmisiones indirectas por flancos, las fachadas o *medianerías*, a las que acometan cada uno de los diferentes tipos de elementos de separación verticales, deben cumplir las condiciones siguientes:

a)   Elementos de separación verticales de tipo1:

  i)   para la fachada o *medianería* de una hoja o ventilada con hoja interior de fábrica o de hormigón debe cumplirse:

  -   la masa por unidad de superficie, m, de la hoja de fábrica o de hormigón, debe ser al menos 135 kg/m^2;

  -   el índice global de reducción acústica, ponderado A, R_A, de la hoja de fábrica o de hormigón, debe ser al menos 42 dBA.

  Esta fachada no puede utilizarse en el caso de recintos de instalaciones.

ii) para la fachada o *medianería* pesada de dos hojas, no ventilada, la masa por unidad de superficie, m, de la hoja exterior debe ser al menos 130 kg/m²;

iii) para la fachada o *medianería* ventilada o ligera no ventilada, que tenga la hoja interior de entramado autoportante:

- la masa por unidad de superficie, m, de la hoja interior deber ser al menos 26 kg/m²;

- el índice global de reducción acústica, ponderado A, R_A, de la hoja interior debe ser al menos 43 dBA;

En la tabla 3.2 no se contempla el caso de elementos de separación de tipo 1 y fachadas ligeras no ventiladas con hoja interior de fábrica.

Tampoco se contempla el caso de fachadas de dos hojas, con hoja interior de fábrica, de hormigón o de *paneles prefabricados pesados* usados conjuntamente con tabiquería de entramado autoportante, ni el de fachadas de dos hojas con hoja interior de entramado autoportante usados conjuntamente con tabiquería de fábrica o de *paneles prefabricados pesados*.

b) Elementos de separación verticales de tipo 2:

i) para la fachada o *medianería* de dos hojas pesada, no existen restricciones;

ii) para la fachada o medianería de una sola hoja o ventiladas con la hoja interior de fábrica o de hormigón:

- si la masa por unidad de superficie, m, del elemento de separación vertical es menor que 170 kg/m², no está permitido que éstos acometan a este tipo de *medianerías* o fachadas;

- si la masa por unidad de superficie, m, del elemento de separación vertical es mayor que 170 kg/m², el índice global de reducción acústica, ponderado A, R_A, de la *medianería* o la fachada a la que acometen debe ser al menos 50 dBA y su masa por unidad de superficie, m, al menos 225 kg/m².

En la tabla 3.2 no se contempla el caso de elementos de tipo 2 que acometan a fachadas de dos hojas, ventiladas o no, con hoja interior de entramado autoportante. Tampoco se contempla el caso de elementos de tipo 2 que acometan a fachadas ligeras de dos hojas.

c) Elementos de separación verticales de tipo 3:

i) para la fachada o *medianería* pesada de dos hojas, con hoja interior de entramado autoportante:

- la masa por unidad de superficie, m, de la hoja exterior deber ser al menos 145 kg/m²;

- el índice global de reducción acústica, ponderado A, R_A, de la hoja exterior debe ser al menos 45 dBA.

ii) para la fachada o *medianería* ventilada o ligera no ventilada, que tenga la hoja interior de *entramado autoportante*:

- la masa por unidad de superficie, m, de la hoja interior deber ser al menos 26 kg/m²;

- el índice global de reducción acústica, ponderado A, R_A, de la hoja interior debe ser al menos 43 dBA.

En la tabla 3.2 no se contempla el caso de elementos de separación verticales de tipo 3 que acometan a fachadas de una hoja o fachadas de dos hojas, ventiladas o no, con hoja interior de fábrica, hormigón o paneles prefabricados pesados.

Independientemente de lo indicado en este apartado, las *medianerías* y las *fachadas* deben cumplir lo establecido en los apartados 3.1.2.4 y 3.1.2.5, respectivamente.

Tabla 3.2. Parámetros acústicos de los componentes de los elementos de separación verticales

Tipo	Elemento base[(1)(2)] (Eb - Ee)		Trasdosado[(3)] (Tr) (en función de la tabiquería)	
			Tabiquería de fábrica o *paneles prefabricados pesados* [(4)]	Tabiquería de *entramado autoportante*
	m kg/m^2	R_A dBA	ΔR_A dBA	ΔR_A dBA
TIPO 1 Una hoja o dos hojas de fábrica con *Trasdosado*	67	33		16[(8)] [(11)]
	120	38		14[(8)] [(11)]
	150	41	16[(8)]	13[(11)]
	180	45	13	9[(11)] (12)[(11)]
	200	46	11[(11)]	10[(13)] (10)[(11)]
	250	51	6[(13)]	4[(13)] (8)[(13)]
	300	52	3[(13)] 8 (9)	3[(13)] (8)[(13)]
	300[(7)]	55[(7)]	-	-
	350	55	5[(13)] (8)[(11)]	0[(13)] (6)[(13)]
	400	57	0[(13)] 2[(13)] (6)[(13)]	0[(13)] (6)[(13)]
TIPO 2 Dos hojas de fábrica con *bandas elásticas* perimétricas	130[(5)]	54[(5)]	-	-
	170[(5)]	54[(5)]	-	-
	(200)[(6)]	(61)[(6)]	-	-
TIPO 3 *Entramado autoportante*	44[(12)]	58[(12)]		
	(52)[(9)]	(64)[(9)]		
	(60)[(10)]	(68)[(10)]		

[(1)] En el caso de elementos de separación verticales de dos hojas de fábrica, el valor de m corresponde al de la suma de las masas por unidad de superficie de las hojas y el valor de RA corresponde al del conjunto.

[(2)] Los elementos de separación verticales deben cumplir simultáneamente los valores de masa por unidad de superficie, m y de índice global de reducción acústica, ponderado A, R_A.

[(3)] El valor de la mejora del índice global de reducción acústica, ponderado A, ΔR_A, corresponde al de un *trasdosado* instalado sobre un elemento base de masa mayor o igual a la que figura en la tabla 3.2.

[(4)] La columna tabiquería de fábrica o paneles prefabricados pesados se aplica indistintamente a todos los tipos de tabiquería de fábrica o *paneles prefabricados pesados* incluidos en el apartado 3.1.2.3.1.

[(5)] La masa por unidad de superficie de cada hoja que tenga *bandas elásticas* perimétricas no será mayor que 150 kg/m² y en el caso de los elementos de tipo 2 que tengan *bandas elásticas* perimétricas únicamente en una de sus hojas, la hoja que apoya directamente sobre el forjado debe tener un índice global de reducción acústica, ponderado A, R_A, de al menos 42 dBA.

[(6)] Esta solución es válida únicamente para tabiquería de *entramado autoportante* o de fábrica o *paneles prefabricados pesados* con *bandas elásticas* en la base, dispuestas tanto en la tabiquería del *recinto de instalaciones*, como en la del *recinto protegido* inmediatamente superior. Por otra parte, esta solución no es válida cuando acometan a *medianerías o fachadas* de una sola hoja ventiladas o que tengan en aislamiento por el exterior.
La masa por unidad de superficie de cada hoja que tenga *bandas elásticas* perimétricas no será mayor que 150 kg/m² y en el caso de los elementos de tipo 2 que tengan *bandas elásticas* perimétricas únicamente en una de sus hojas, la hoja que apoya directamente sobre el forjado debe tener un índice global de reducción acústica, ponderado A, R_A, de al menos 45 dBA.

[(7)] Esta solución es válida si se disponen *bandas elásticas* en los encuentros del elemento de separación vertical con la tabiquería de fábrica que acomete al elemento, ya sea ésta con apoyo directo o con *bandas elásticas*.

[(8)] Estas soluciones no son válidas si acometen a una fachada o *medianería* de una hoja de fábrica o ventilada con la hoja interior de fábrica o de hormigón.

[(9)] Esta solución de tipo 3 es válida para *recintos de instalaciones* o de *actividad* si se cumplen las condiciones siguientes:
– Se dispone en el *recinto de instalaciones* o *recinto de actividad* y en el *recinto habitable* o *recinto* protegido colindante horizontalmente un suelo flotante con una mejora del índice global de reducción acústica, ponderado A, ΔR_A mayor o igual que 6 dBA;
– Además, debe disponerse en el *recinto de instalaciones* o *recinto de actividad* un techo suspendido con una mejora del índice global de reducción acústica, ponderado A, ΔR_A mayor o igual que:
i. 6 dBA, si el recinto de instalaciones es interior o el elemento de separación vertical acomete a una fachada ligera, con hoja interior de entramado autoportante;
ii. 12 dBA, si el elemento de separación vertical de tipo 3 acomete a una *medianería* o fachada pesada con hoja interior de entramado autoportante.
Independientemente de lo especificado en esta nota, los suelos flotantes y los techos suspendidos deben cumplir lo especificado en el apartado 3.1.2.3.5.

[(10)] Solución válida si el forjado que separa el recinto de instalaciones o recinto de actividad de un recinto protegido o habitable tiene una masa por unidad de superficie mayor que 400 kg/m².

[(11)] Valores aplicables en combinación con un forjado de masa por unidad de superficie, m, de al menos 250 kg/m² y un suelo flotante, tanto en el recinto emisor como en el recinto receptor, con una mejora del índice global de reducción acústica, ponderado A, ΔR_A mayor o igual que 4 dBA;

[(12)] Valores aplicables en combinación con un forjado de masa por unidad de superficie, m, de al menos 200 kg/m² y un suelo flotante y un techo suspendido, tanto en el recinto emisor como en el recinto receptor, con una mejora del índice global de reducción acústica, ponderado A, ΔR_A mayor o igual que 10 dBA y 6 dBA respectivamente;

[(13)] Valores aplicables en combinación con un forjado de masa por unidad de superficie, m, de al menos 175 kg/m².
Independientemente de los especificado en las notas 10, 11 y 12, los suelos flotantes y los techos suspendidos deben cumplir lo especificado en el apartado 3.1.2.3.5.

3.1.2.3.5 *Condiciones mínimas de los elementos de separación horizontales*

1 En la tabla 3.3 se expresan los valores mínimos que debe cumplir cada uno de los parámetros acústicos que definen los elementos de separación horizontales.

2 Los forjados que delimitan superiormente una *unidad de uso* deben disponer de un *suelo flotante* y, en su caso, de un techo suspendido con los que se cumplan los valores de mejora del índice global de reducción acústica, ponderado A, ΔR_A y de reducción del nivel global de presión de ruido de impactos, ΔL_w especificados en la tabla 3.3.

3 Los forjados que delimitan inferiormente una *unidad de uso* y la separan de cualquier otro recinto del edificio deben disponer de una combinación de *suelo flotante* y techo suspendido con los que se cumplan los valores de mejora del índice global de reducción acústica, ponderado A, ΔR_A.

4 Además, para limitar la transmisión de ruido de impactos, en el forjado de cualquier *recinto* colindante horizontalmente con un *recinto* perteneciente a *unidad de uso* o con una arista horizontal común con el mismo, debe disponerse un *suelo flotante* cuya reducción del nivel global de presión de ruido de impactos, ΔL_w, sea la especificada en la tabla 3.3. (Véase figura 3.4). De la misma manera, en el forjado de cualquier *recinto de instalaciones* o de *actividad* que sea colindante horizontalmente con un *recinto protegido* o *habitable* del edificio o con una arista horizontal común con los mismos, debe disponerse de un *suelo flotante* cuya reducción del nivel global de presión de ruido de impactos, ΔL_w, sea la especificada en la tabla 3.3.

5 En el caso de que una *unidad de uso* no tuviera tabiquería interior, como por ejemplo un aula, puede elegirse cualquier elemento de separación horizontal de la tabla 3.3.

6 Entre paréntesis figuran los valores que deben cumplir los elementos de separación horizontales entre un *recinto protegido* o *habitable* y un *recinto de instalaciones* o de *actividad*.

7 Además de lo especificado en las tablas, los techos suspendidos de los recintos de instalaciones deben instalarse con amortiguadores que eviten la transmisión de las bajas frecuencias (preferiblemente de acero). Asimismo los *suelos flotantes* instalados en *recintos de instalaciones,* pueden contar con un material aislante a ruido de impactos, con amortiguadores o con una combinación de ambos de manera que evite la transmisión de las bajas frecuencias.

8 Con carácter general, la tabla 3.3 es aplicable a fachadas ligeras ventiladas y no ventiladas con la hoja interior de entramado autoportante. La hoja interior de la fachada debe cumplir las condiciones siguientes:

a) La masa por unidad de superficie, m, debe ser al menos 26 kg/m^2;

b) El índice global de reducción acústica, ponderado A, R_A, debe ser al menos 43 dBA.

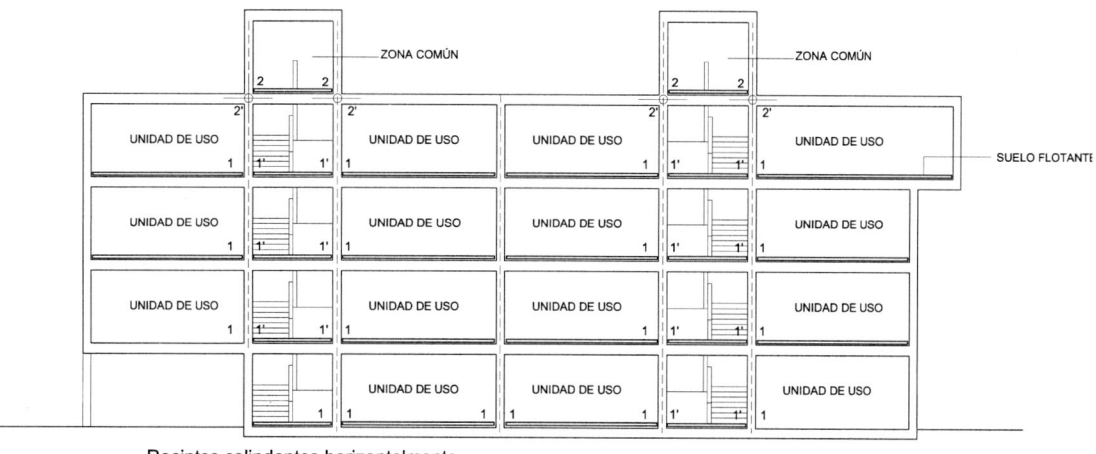

- - - - - Recintos colindantes horizontalmente

——⊖—— Recintos con una arista horizontal común

Disposición de *suelos flotantes* para limitar la transmisión de ruido de impactos entre *recintos* colindantes horizontalmente (1-1') y entre *recintos* con una arista horizontal común (2-2')

Figura 3.4 Esquema es sección vertical. Disposición de los *suelos flotantes*

Tabla 3.3 Parámetros acústicos de los componentes de los elementos de separación horizontales

Forjado[1] (F)		Suelo flotante y techo suspendido (Sf) y (Ts) en función de la tabiquería									
		Tabiquería de fábrica o de paneles prefabricados pesados con apoyo directo en el forjado			Tabiquería de fábrica o de paneles prefabricados pesados con bandas elásticas o apoyada sobre el suelo flotante.			Tabiquería de entramado autoportante			
		Suelo flotante[2][3]		Techo suspendido[5]	Suelo flotante[2][3]		Techo suspendido[5]	Suelo flotante[2][3]	Techo suspendido[5][6]		Condiciones de la fachada[6]
m kg/m²	R_A dBA	ΔL_w dB	ΔR_A dBA	ΔR_A dBA	ΔL_w dB	ΔR_A dBA	ΔR_A dBA	ΔL_w dB	ΔR_A dBA	ΔR_A dBA	
175	44				26	3 / 15	15 / 4	26	0 / 2 / 6 / 7 / 8	8 / 7 / 5 / 1 / 0	2H
									4 / 9 / 14 / 15 / 19	15 / 12 / 5 / 4 / 3	1H
								(31)	(4) / (9) / (14) / (15) / (17) / (18)	(15) / (10) / (5) / (4) / (1) / (0)	2H
											1H
200	45				25	2 / 8 / 15	15 / 5 / 2	24	0 / 2 / 4 / 6 / 7	7 / 6 / 5 / 1 / 0	2H
									2 / 9 / 15	15 / 5 / 2	1H
					(30)	(14) / (15) / (19)	(15) / (14) / (11)	(29)	(1) / (2) / (9) / (11) / (16)	(15) / (14) / (7) / (5) / (0)	2H
											1H
225	47				24	0 / 2 / 5 / 15 / 17	15 / 8 / 5 / 1 / 0	23	0 / 2 / 4	4 / 3 / 0	2H
									0 / 2 / 5 / 9 / 14 / 15	15 / 8 / 5 / 2 / 1 / 0	1H
					(29)	(9) / (15) / (19)	(15) / (9) / (7)	(28)	(0) / (2) / (8) / (9) / (12) / (13)	(13) / (11) / (5) / (4) / (1) / (0)	2H
											1H
250	49				22	0 / 2 / 9	10 / 5 / 0	21	0 / 2	2 / 0	2H
									0 / 2 / 9	9 / 5 / 0	1H
					(27)	(6) / (9)	(15) / (10)	(26)	(0) / (2) / (6) / (9) / (11)	(11) / (9) / (5) / (2) / (0)	2H
											1H

(Continúa)

Tabla 3.3 Parámetros acústicos de los componentes de los elementos de separación horizontales *(continuación)*

Forjado[1] (F)		Suelo flotante y techo suspendido (Sf) y (Ts) en función de la tabiquería									
		Tabiquería de fábrica o de *paneles prefabricados* pesados con apoyo directo en el forjado		Tabiquería de fábrica o de *paneles prefabricados pesados* con *bandas elásticas* o apoyada sobre el *suelo flotante.*		Tabiquería de *entramado autoportante*					
		Suelo flotante[2][3]	Techo suspendido[5]	Suelo flotante[2][3]		Techo suspendido[5]	Suelo flotante[2][3]		Techo suspendido[5][6]	Condiciones de la fachada[6]
m kg/m²	R_A dBA	ΔL_w dB	ΔR_A dBA	ΔR_A dBA	ΔL_w dB	ΔR_A dBA	ΔR_A dBA	ΔL_w dB	ΔR_A dBA	ΔR_A dBA	
300[4]	52	18	3, 8, 9	15, 5, 4	16	0, 2, 4	4, 1, 0	16	0, 0, 2	0, 2, 0	2H / 1H
					(21)	(3), (7), (8), (9)	(15), (6), (5), (4)	(21)	(0), (2), (5), (10)[7], (7), (9)	(5), (4), (0), (0)[7], (15), (11)	2H / 1H
350[4]	54	16	0, 1, 2, 8, 12	12, 8, 5, 1, 0	15	0	0	14	0, 0, 5	0, 5, 0	1H ó 2H
					(19)	(1), (4), (5), (8)	(11), (5), (4), (2)	(19)	(0), (2), (3), (8)[7], (5), (7), (8)	(3), (2), (0), (0)[7], (7), (5), (4)	2H / 1H
400[4]	57	14	0, 2, 9, 5, 2	2, 0, 2, 5, 15	12	0	0	11	0	0	1H ó 2H
					(17)	(0), (4), (6), (10)[7]	(6), (1), (0), (0)[7]	(16)	(0), (5)[7], (0), (1), (4), (6), (8), (9)[7]	(0), (0)[7], (9), (7), (3), (1), (0), (0)[7]	2H / 1H
450	58	12	0, 0, 5	0, 4, 0	10	0	0	10	0	0	1H ó 2H
					(15)	(0), (3), (6)[7]	(3), (0), (0)[7]	(15)	(0), (4)[7], (0), (3), (4), (7)[7]	(0), (0)[7], (4), (2), (0), (0)[7]	2H / 1H
500	60	12	0	0	10	0	0	9	0	0	1H ó 2H
		(17)	(4), (5)	(7), (5)	(15)	(0), (3)[7]	(0), (0)[7]	(14)	(0), (1)[7], (0), (1), (3)[7]	(0), (0)[7], (1), (0), (0)[7]	2H / 1H

[1] Los forjados deben cumplir simultáneamente los valores de masa por unidad de superficie, m y de índice global de reducción acústica ponderado A, R_A.

[2] Los *suelos flotantes* deben cumplir simultáneamente los valores de reducción del nivel global de presión de ruido de impactos, ΔL_w, y de mejora del índice global de reducción acústica, ponderado A, ΔR_A.

[3] Los valores de mejora del aislamiento a ruido aéreo, ΔR_A, y de reducción de ruido de impactos, ΔL_w, corresponden a un único *suelo flotante*; la adición de mejoras sucesivas, una sobre otra, en un mismo lado no garantiza la obtención de los valores de aislamiento.

[4] En el caso de forjados con piezas de entrevigado de poliestireno expandido (EPS), el valor de ΔL_w correspondiente debe incrementarse en 4 dB.

[5] Los valores de mejora del aislamiento a ruido aéreo, ΔR_A, corresponden a un único techo suspendido; la adición de mejoras sucesivas, una bajo otra, en un mismo lado no garantiza la obtención de los valores de aislamiento.

[6] Para limitar las transmisiones por flancos, en el caso de la tabiquería de entramado autoportante, en la tabla 3.3 aparecen los símbolos:

- 1H, para fachadas o *medianerías* de 1 hoja o fachadas ventiladas con la hoja interior de fábrica o de hormigón, que deben de cumplir;

    i.   la masa por unidad de superficie, m, de la hoja de fábrica o de hormigón deber ser al menos 135 kg/m^2;
    ii. el índice global de reducción acústica, ponderado A, R_A, de la hoja de fábrica o de hormigón debe ser al menos 42 dBA.
-   2H, para fachadas o *medianerías* de dos hojas, que deben cumplir:
    i.   para las fachadas pesadas no ventiladas con la hoja interior de *entramado autoportante*:
         -   la masa por unidad de superficie, m, de la hoja exterior deber ser al menos 145 kg/m^2;
         -   el índice global de reducción acústica, ponderado A, R_A, de la hoja exterior debe ser al menos 45 dBA.
    ii. para las fachadas o *medianerías* ventiladas o ligeras no ventiladas, con la hoja interior de *entramado autoportante*:
         -   la masa por unidad de superficie, m, de la hoja interior deber ser al menos 26 kg/m^2;
         -   el índice global de reducción acústica, ponderado A, R_A, de la hoja interior debe ser al menos 43 dBA;
   Las soluciones para fachada de dos hojas también son aplicables en el caso de que los recintos sean interiores.
[7] Soluciones de elementos de separación horizontales específicas para el caso de garajes.

3.1.2.4 *Condiciones mínimas de las medianerías*

1   El parámetro que define una *medianería* es el índice global de reducción acústica, ponderado A, R_A.

2   El valor del índice global de reducción acústica ponderado, R_A, de toda la superficie del cerramiento que constituya una *medianería* de un edificio, no será menor que 45 dBA.

3.1.2.5 *Condiciones mínimas de las fachadas, las cubiertas y los suelos en contacto con el aire exterior*

1   En la tabla 3.4 se expresan los valores mínimos que deben cumplir los elementos que forman los huecos y la parte ciega de la *fachada*, la *cubierta o el suelo en contacto con el aire exterior*, en función de los valores límite de aislamiento acústico entre un *recinto protegido* y el exterior indicados en la tabla 2.1 y del porcentaje de huecos expresado como la relación entre la superficie del hueco y la superficie total de la *fachada* vista desde el interior de cada *recinto protegido*.

2   El parámetro acústico que define los componentes de una *fachada*, una *cubierta* o un suelo en contacto con el aire exterior es el índice global de reducción acústica, ponderado A, para *ruido exterior dominante* de automóviles o de aeronaves, $R_{A,tr}$, de la parte ciega y de los elementos que forman el hueco.

3   Este índice, R_{Atr}, caracteriza al conjunto formado por la ventana, la caja de persiana y el aireador si lo hubiera. En el caso de que el aireador no estuviera integrado en el hueco, sino que se colocara en el cerramiento, debe aplicarse la opción general.

4   En el caso de que la fachada del *recinto protegido* fuera en esquina o tuviera quiebros, el porcentaje de huecos se determina en función de la superficie total del perímetro de la fachada vista desde el interior del *recinto*.

Tabla 3.4 Parámetros acústicos de *fachadas*, *cubiertas* y suelos en contacto con el aire exterior de *recintos protegidos*

Nivel límite exigido (Tabla 2.1) $D_{2m,nT,Atr}$ dBA	Parte ciega [1] 100 % $R_{A,tr}$ dBA	Parte ciega [1] ≠ 100 % $R_{A,tr}$ dBA	Huecos Porcentaje de huecos $R_{A,tr}$ de los componentes del hueco [2] dBA				
			Hasta 15 %	De 16 a 30%	De 31 a 60%	De 61 a 80%	De 81 a 100%
$D_{2m,nT,Atr} = 30$	33	35	26	29	31	32	33
		40	25	28	30	31	
		45	25	28	30	31	
$D_{2m,nT,Atr} = 32$	35	35	30	32	34	34	35
		40	27	30	32	34	
		45	26	29	32	33	
$D_{2m,nT,Atr} = 34$ [1]	36	40	30	33	35	36	36
		45	29	32	34	36	
		50	28	31	34	35	

(Continúa)

Tabla 3.4 Parámetros acústicos de *fachadas*, *cubiertas* y suelos en contacto con el aire exterior de *recintos protegidos* (continuación)

Nivel límite exigido (Tabla 2.1) $D_{2m,nT,Atr}$ dBA	Parte ciega [1] 100 % $R_{A,tr}$ dBA	Parte ciega [1] $\neq$ 100 % $R_{A,tr}$ dBA	Huecos Porcentaje de huecos $R_{A,tr}$ de los componentes del hueco[2] dBA				
			Hasta 15 %	De 16 a 30%	De 31 a 60%	De 61 a 80%	De 81 a 100%
$D_{2m,nT,Atr} = 36$ [1]	38	40	33	35	37	38	38
		45	31	34	36	37	
		50	30	33	36	37	
$D_{2m,nT,Atr} = 37$	39	40	35	37	39	39	39
		45	32	35	37	38	
		50	31	34	37	38	
$D_{2m,nT,Atr} = 41$ [1]	43	45	39	40	42	43	43
		50	36	39	41	42	
		55	35	38	41	42	
$D_{2m,nT,Atr} = 42$	44	50	37	40	42	43	44
		55	36	39	42	43	
		60	36	39	42	43	
$D_{2m,nT,Atr} = 46$ [1]	48	50	43	45	47	48	48
		55	41	44	46	47	
		60	40	43	46	47	
$D_{2m,nT,Atr} = 47$	49	55	42	45	47	48	49
		60	41	44	47	48	
$D_{2m,nT,Atr} = 51$ [1]	53	55	48	50	52	53	53
		60	46	49	51	52	

[1] En el caso de que dos *unidades de uso* colindantes horizontalmente compartan una *fachada* o *cubierta ligera*, debe garantizarse el cumplimiento de los valores límite de aislamiento acústico entre *recintos*.

[2] El índice $R_{A,tr}$ de los componentes del hueco expresado en la tabla 3.4 se aplica a las ventanas que dispongan de aireadores, sistemas de microventilación o cualquier otro sistema de abertura de admisión de aire con dispositivos de cierre en posición cerrada.

3.1.3 Opción general. Método de cálculo de aislamiento acústico

1   La opción general contiene un procedimiento de cálculo basado en el modelo simplificado para la transmisión acústica estructural de la UNE EN 12354 partes 1, 2 y 3. También podrá utilizarse el modelo detallado que se especifica en esa norma.

2   La transmisión acústica desde el exterior a un *recinto* de un edificio o entre dos *recintos* de un edificio se produce siguiendo los caminos directos y los indirectos o por vía de flancos.

3   En el cálculo de ruido aéreo se usa el aislamiento acústico aparente R' (o índice de reducción acústica aparente), que se considera en su forma global R_A'; en el cálculo de ruido de impactos se usa el nivel global de presión de ruido de impactos normalizado $L'_{n,w}$.

3.1.3.1 *Procedimiento de aplicación*

1   Para el correcto diseño y dimensionado de los elementos constructivos de un edificio que proporcionan el aislamiento acústico, tanto a ruido aéreo como a ruido de impactos, debe realizarse el diseño y dimensionado de sus *recintos* teniendo en cuenta las diferencias en forma, tamaño y de elementos constructivos entre parejas de *recintos*, y considerando cada uno de ellos como *recinto* emisor y como *recinto* receptor.

2   Debe procederse separadamente al cálculo del *aislamiento acústico a ruido aéreo* tanto de elementos de separación verticales (*particiones* y *medianerías*) y *elementos de separación horizontales*, como de *fachadas* y de *cubiertas* (véase figura 3.1), y al cálculo del *aislamiento acústico a ruido de*

impactos de los *elementos de separación horizontales* entre *recintos* superpuestos, entre *recintos* adyacentes y entre *recintos* con una arista horizontal común (véase figura 3.7).

3   A partir de los datos previos establecidos en el apartado 3.1.1, debe determinarse el *aislamiento acústico a ruido aéreo* ($D_{nT,A}$, diferencia de niveles estandarizada, ponderada A) y el nivel global de presión de ruido de impactos estandarizado, $L'_{nT,w}$, para un *recinto*, teniendo en cuenta las *transmisiones acústicas directas* de los elementos constructivos que lo separan de otros y también las *transmisiones acústicas indirectas* por todos los caminos posibles, así como las características geométricas del *recinto*, los elementos constructivos empleados y las formas de encuentro de los elementos constructivos entre sí.

4   Los valores finales de las magnitudes que definen las exigencias, *diferencia de niveles estandarizada, ponderada A*, $D_{nT,A}$, y *nivel global de presión de ruido de impactos estandarizado*, $L'_{nT,w}$, se expresarán redondeados a un número entero. Los valores de las especificaciones de productos y elementos constructivos podrán usarse redondeados a enteros o con un decimal y en las magnitudes de cálculos intermedios se usará una cifra decimal.

3.1.3.2 *Hipótesis para el cálculo. Comportamiento en obra de los elementos constructivos*

1   Las transmisiones por vía directa y por vía de flancos deben establecerse en términos de aislamiento medido in situ. No obstante, a efectos de este DB se consideran válidas las expresiones siguientes:

$$R_{situ} = R_{lab} \quad [dB] \tag{3.1}$$

$$L_{n,situ} = L_{n,lab} \quad [dB] \tag{3.2}$$

siendo

R_{situ} índice de reducción acústica de un elemento medido in situ, [dB]

R_{lab} índice de reducción acústica de un elemento medido en laboratorio, [dB]

$L_{n,situ}$ nivel de presión de ruido de impactos normalizado medido in situ, [dB]

$L_{n,lab}$ nivel de presión de ruido de impactos normalizado medido en laboratorio, [dB]

2   De igual forma, para *revestimientos* tales como techos suspendidos, *suelos flotantes* y *trasdosados*, los valores medidos in situ de la mejora del índice de reducción acústica, ΔR_{situ}, y de la reducción del nivel de presión de ruido de impactos por *revestimiento* de la cara de emisión del elemento de separación, ΔL_{situ}, y de la cara de recepción del elemento de separación, $\Delta L_{d,situ}$, pueden aproximarse a los valores medidos en laboratorio:

$$\Delta R_{situ} = \Delta R_{lab} \quad [dB] \tag{3.3}$$

$$\Delta L_{situ} = \Delta L_{lab} \quad [dB] \tag{3.4}$$

$$\Delta L_{d,situ} = \Delta L_{d,lab} \quad [dB] \tag{3.5}$$

siendo

ΔR_{lab} mejora del índice de reducción acústica de un *revestimiento* de elemento constructivo vertical u horizontal medido en laboratorio, [dB];

ΔL_{lab} reducción del nivel de presión de ruido de impactos de un *revestimiento* de forjado en la cara de emisión del elemento de separación medido en laboratorio, [dB];

$\Delta L_{d,lab}$ reducción del nivel de presión de ruido de impactos mediante una capa adicional sobre la cara de recepción del elemento de separación medido en laboratorio, [dB].

Para forjados homogéneos de masa por unidad de superficie menor que 300 kg/m^2 o forjados de vigas de madera, no deben usarse los valores de reducción del nivel de presión de ruido de impactos, ΔL, medidos sobre un forjado normalizado.

3   Para la aplicación de los valores ΔR_A en el método de cálculo, en donde aparecen como sumando lineal, deben cumplirse las condiciones de uso siguientes:

   a)   la relación de masas por unidad de superficie entre el elemento constructivo base vertical y el *revestimiento* debe ser igual o mayor que 2;

   b)   la relación de masas por unidad de superficie entre el forjado y el *suelo flotante* debe ser igual o mayor que 2.

4   En el caso de que no se cumplan estas condiciones, debe utilizarse el índice global de reducción acústica, ponderado A, R_A del conjunto formado por el elemento base vertical y los *trasdosados* o del conjunto formado por el forjado y el *suelo flotante*.

5   Para la aplicación de los valores ΔL_w en el método de cálculo, en donde aparecen como sumando lineal, debe cumplirse que la relación de masas por unidad de superficie entre el forjado y el *suelo flotante* debe ser igual o mayor que 2. Cuando no se cumpla esta condición debe utilizarse el nivel global de presión de ruido de impactos normalizado, $L_{n,w}$, del conjunto formado por el *suelo flotante* y el forjado.

6   Por simplificación en la notación, a partir de este punto se considerará:

   $R_{lab} = R$, $L_{n,lab} = L_n$, $\Delta R_{lab} = \Delta R$, $\Delta L_{lab} = \Delta L$ y $\Delta L_{d,lab} = \Delta L_d$.

7   En las uniones, la transmisión in situ se caracteriza por el índice de reducción de vibraciones para cada camino de transmisión del elemento i al j, K_{ij}. Éste es función de la diferencia de niveles de velocidad promediada en dirección $D_{situ,ij,v}$. Su valor se obtiene mediante las fórmulas del Anejo D, a partir de la relación de masas por unidad de superficie, del tipo de unión y de los elementos constructivos.

3.1.3.3 *Método de cálculo de aislamiento acústico a ruido aéreo entre recintos interiores*

1   La diferencia de niveles estandarizada, ponderada A, $D_{nT,A}$, utilizada para *recintos* interiores se calcula mediante la expresión:

$$D_{nT,A} = R'_A + 10 \cdot \lg\left(\frac{0{,}32 \cdot V}{S_s}\right) \quad \text{[dBA]} \tag{3.6}$$

siendo

V   volumen del *recinto* receptor, [m³];

S_s área compartida del elemento de separación, [m²],

R'_A índice global de reducción acústica aparente, ponderado A, [dBA].

2   El índice de reducción acústica aparente en obra R' se calcula de forma general mediante la expresión:

$$R' = -10 \cdot \lg\tau' \quad \text{[dB]} \tag{3.7}$$

siendo

τ'   factor de transmisión total de potencia acústica, definido como el cociente entre la potencia acústica total radiada al *recinto* receptor y la potencia acústica incidente sobre la parte compartida del elemento de separación, para los distintos caminos directos e indirectos (de flancos) que se indican en la figura 3.5.

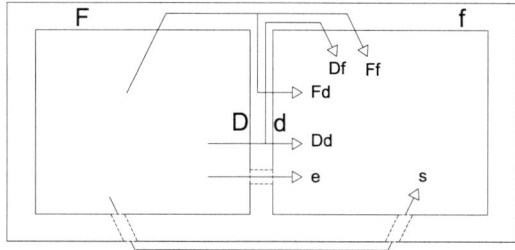

Figura 3.5 Definición de los caminos de transmisión acústica ij entre dos *recintos*. Planta o sección

3   Para obtener el índice global de reducción acústica aparente, ponderado A, R'_A, se utilizarán los índices globales de reducción acústica de los elementos constructivos, R_A, aproximadamente R_w+C de la UNE EN ISO 717-1, dando como resultado los correspondientes valores de aislamiento in situ. Los índices de reducción acústica, R_A, de *elementos constructivos homogéneos* pueden calcularse según la ley de masa, expresiones A.16 y A.17 del Anejo A, aunque es preferible usar valores determinados en laboratorio.

$$R'_A = -10 \cdot \lg\left(10^{-0{,}1R_{Dd,A}} + \sum_{F=f=1}^{n}10^{-0{,}1R_{Ff,A}} + \sum_{f=1}^{n}10^{-0{,}1R_{Df,A}} + \sum_{F=1}^{n}10^{-0{,}1R_{Fd,A}} + \frac{A_0}{S_s}\sum_{ai=ei,si}10^{-0{,}1D_{n,ai,A}}\right) [\quad \text{[dBA]} \tag{3.8}$$

siendo

$R_{Dd,A}$ índice global de reducción acústica para la *transmisión directa*, en dB (dBA, para ruido rosa);

$R_{Ff,A}$ índice global de reducción acústica para la *transmisión indirecta*, del camino Ff, en dB (dBA, para ruido rosa);

$R_{Df,A}$ índice global de reducción acústica para la *transmisión indirecta*, del camino Df, en dB (dBA, para ruido rosa);

$R_{Fd,A}$ índice global de reducción acústica para la *transmisión indirecta*, del camino Fd, en dB (dBA, para ruido rosa);

$D_{n,ai,A}$ diferencia de niveles normalizada, ponderada A, para la transmisión de ruido aéreo por vía directa, a través de aireadores u otros *elementos de construcción pequeños,* $D_{n,e,A}$, o por vía indirecta, $D_{n,s,A}$, a través de distribuidores y pasillos o a través de *sistemas* tales como conductos de instalaciones de aire acondicionado o ventilación;

n número de elementos de flanco del *recinto*, que normalmente es 4 pero puede ser diferente según el diseño del *recinto*;

S_s área compartida del elemento de separación, [m^2];

A_0 área de absorción equivalente de referencia, de valor A0=10 m^2.

4 El índice global de reducción acústica para la *transmisión directa* se determina a partir de los datos del elemento de separación según la expresión que sigue:

$$R_{Dd,A} = R_{S,A} + \Delta R_{Dd,A} \quad [dBA] \tag{3.9}$$

siendo

$R_{S,A}$ índice global de reducción acústica del elemento de separación para ruido rosa incidente, [dBA];

$\Delta R_{Dd,A}$ mejora del índice global de reducción acústica, por efecto de *revestimientos* del lado de la emisión y de la recepción, en dBA, para ruido rosa. Este valor se obtiene directamente de resultados disponibles por ensayos en laboratorio para la combinación elegida o se puede deducir de los resultados obtenidos de cada uno de los *revestimientos* por separado:

Un *revestimiento*: $\quad \Delta R_{Dd,A} = \Delta R_{D,A} \quad$ ó $\quad \Delta R_{Dd,A} = \Delta R_{d,A} \quad [dBA] \tag{3.10}$

Dos *revestimientos*: $\quad \Delta R_{Dd,A} = \Delta R_{D,A} + \dfrac{\Delta R_{d,A}}{2} \quad$ ó $\quad \Delta R_{Dd,A} = \Delta R_{d,A} + \dfrac{\Delta R_{D,A}}{2} \quad [dBA] \tag{3.11}$

Se elegirá como valor mitad para el caso de dos *revestimientos*, el menor de ellos.

5 Los valores de los índices globales de reducción acústica para la transmisión por flancos se determinan mediante las expresiones:

$$R_{Ff,A} = \frac{R_{F,A} + R_{f,A}}{2} + \Delta R_{Ff,A} + K_{Ff} + 10 \cdot \lg \frac{S_s}{l_0 l_f} \quad [dBA] \tag{3.12}$$

$$R_{Df,A} = \frac{R_{S,A} + R_{f,A}}{2} + \Delta R_{Df,A} + K_{Df} + 10 \cdot \lg \frac{S_s}{l_0 l_f} \quad [dBA] \tag{3.13}$$

$$R_{Fd,A} = \frac{R_{F,A} + R_{S,A}}{2} + \Delta R_{Fd,A} + K_{Fd} + 10 \cdot \lg \frac{S_s}{l_0 l_f} \quad [dBA] \tag{3.14}$$

siendo

$R_{F,A}$ índice global de reducción acústica del elemento de flanco F, (en dBA, para ruido rosa),

$R_{f,A}$ índice global de reducción acústica del elemento de flanco f, (en dBA, para ruido rosa),

$\Delta R_{Ff,A}$ mejora del índice global de reducción acústica, por efecto de *revestimientos* del elemento de flanco, del lado de la emisión y de la recepción, (en dBA, para ruido rosa),

$\Delta R_{Df,A}$ mejora del índice global de reducción acústica, por efecto de *revestimientos* en el elemento de separación del lado de la emisión y/o del elemento de flanco en la recepción, (en dBA, para ruido rosa),

$\Delta R_{Fd,A}$ mejora del índice global de reducción acústica, por efecto de *revestimientos* en el elemento de flanco del lado de la emisión y/o del elemento de separación en la recepción, (en dBA, para ruido rosa).

Estos valores se obtienen directamente de resultados disponibles por ensayos en laboratorio para la combinación elegida o se pueden deducir de los resultados obtenidos en cada una de las capas implicadas independientemente (ij= Ff; Fd o Df):

Un *revestimiento*: $\quad \Delta R_{ij,A} = \Delta R_{i,A} \quad ó \quad \Delta R_{ij,A} = \Delta R_{j,A} \quad$ [dBA] $\hspace{2cm}$ (3.15)

Dos *revestimientos*: $\quad \Delta R_{ij,A} = \Delta R_{i,A} + \dfrac{\Delta R_{j,A}}{2} \quad ó \quad \Delta R_{ij,A} = \Delta R_{j,A} + \dfrac{\Delta R_{i,A}}{2} \quad$ |[dBA] $\hspace{1cm}$ (3.16)

Se elegirá como valor mitad para el caso de dos *revestimientos*, el menor de ellos.

K_{ij} índice de reducción de vibraciones para el camino por flancos ij (ij = Ff; Fd o Df), [dB];

       Los K_{ij} se calcularán de acuerdo al Anejo D.

S_s área compartida del elemento de separación, en m^2

l_f longitud común de la arista de unión entre el elemento de separación y los elementos de flancos F y f, [m];

l_0 longitud de la arista de unión de referencia, de valor $l_0 = 1$ m.

3.1.3.4 *Método de cálculo de aislamiento acústico a ruido aéreo en fachadas, en cubiertas y en suelos en contacto con el aire exterior.*

1   Cuando el *ruido exterior dominante* es el ferroviario o el de estaciones ferroviarias, se debe usar la magnitud de aislamiento global $D_{2m,nT,A}$. Cuando el *ruido exterior dominante* es el de automóviles o el de aeronaves, la magnitud del aislamiento global es $D_{2m,nT,Atr}$.

El valor de $D_{2m,nT,Atr}$ se puede aproximar mediante $D_{2m,nT,A} + C_{tr}$, usando para C_{tr}, el valor del término de adaptación espectral para ruido de tráfico del índice de reducción acústica del elemento de aislamiento más débil, generalmente la ventana, que se obtendrá en los datos de los productos o en tabulaciones incluidas en el Catálogo de Elementos Constructivos u otros Documentos Reconocidos.

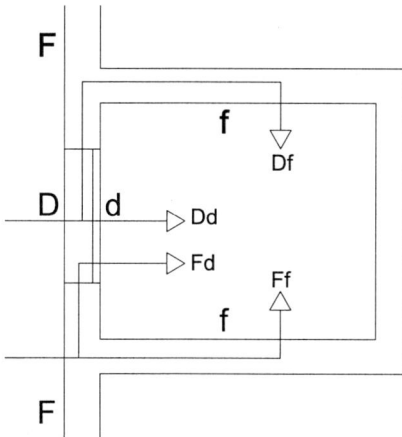

Figura 3.6 Definición de los caminos de transmisión acústica desde el exterior al *recinto*.

2   La diferencia de niveles estandarizada, ponderada A, de la *fachada* o de la *cubierta*, viene dada por la expresión:

$$D_{2m,nT,A} = R'_A + \Delta L_{fs} + 10 \cdot \lg \frac{V}{6T_0 S} \quad [dBA] \hspace{2cm} (3.17)$$

siendo

R'_A índice global de reducción acústica aparente, ponderado A, [dBA];

ΔL_{fs} mejora del aislamiento o diferencia de niveles por la forma de la *fachada*, [dB], que figura en el anejo F; este factor sólo es aplicable en el caso de ruido de automóviles y ruido ferroviario o de estaciones ferroviarias, y no en el caso de ruido de aeronaves;

V   volumen del *recinto* receptor, [m^3];

S   área total de la *fachada* o de la *cubierta*, vista desde el interior del *recinto*, [m^2];

T_0 *tiempo de reverberación* de referencia; su valor es $T_0 = 0{,}5$ s.

3   El índice global de reducción acústica aparente, ponderado A, R'_A, se obtiene considerando las *transmisiones directas* e *indirectas* de la misma manera que en el índice global de reducción acústica entre *recintos* interiores. (Véase figura 3.6).

4   La transmisión por flancos comprende todos los caminos indirectos, incluidos los correspondientes a elementos de *fachada* o de *cubierta* que no pertenecen al *recinto*.

$$R'_A = -10 \cdot \lg\left(10^{-0{,}1R_{m,A}} + \sum_{F=f=1}^{n} 10^{-0{,}1R_{Ff,A}} + \sum_{f=1}^{n} 10^{-0{,}1R_{Df,A}} + \sum_{F=1}^{n} 10^{-0{,}1R_{Fd,A}} + \frac{A_0}{S} \sum_{ai=ei,Si} 10^{-0{,}1D_{n,ai,A}} \right) \ [\text{dBA}] \quad (3.18)$$

siendo

$R_{m,A}$ índice global de reducción acústica del *elemento constructivo mixto* (aislamiento mixto), ponderado A [dBA]. En el Anejo G se detalla el cálculo del aislamiento de estos elementos;

n   número de caminos indirectos.

Para aireadores sin tratamiento acústico se considera:

$$D_{n,e,A} = -10 \cdot \lg\left(\frac{S_0}{10} \right) \qquad [\text{dBA}] \qquad\qquad\qquad (3.19)$$

donde

S_0 área del aireador, [m^2].

3.1.3.5 *Método de cálculo de aislamiento acústico a ruido aéreo para medianerías*

Cada uno de los cerramientos de una *medianería* se dimensionará con el método de cálculo de *aislamiento acústico a ruido aéreo* del apartado 3.1.3.4. El *aislamiento acústico a ruido aéreo* vendrá dado en términos de la diferencia de niveles estandarizada, ponderada A, para ruido exterior, $D_{2m,nT,Atr}$.

El valor de $D_{2m,nT,Atr}$ se puede aproximar mediante $D_{2m,nT,A} + C_{tr}$, usando para C_{tr}, el valor del término de adaptación espectral para ruido de tráfico del índice de reducción acústica del cerramiento de la medianería, que se obtendrá en los datos de los productos o en tabulaciones incluidas en el Catálogo de Elementos Constructivos u otros Documentos Reconocidos.

3.1.3.6 *Método de cálculo de aislamiento acústico a ruido de impactos*

1   Las situaciones con transmisiones más importantes del ruido de impactos corresponden a *recintos* superpuestos, *recintos* adyacentes y *recintos* con una arista horizontal común formando diedros opuestos por la arista. (Véase figura 3.7).

2   El nivel global de presión de ruido de impactos estandarizado se calcula mediante la expresión:

$L'_{nT,w} = L'_{n,w} - 10 \cdot \lg (0{,}032 \cdot V) \qquad [\text{dB}]$ (3.20)

siendo

V   volumen del *recinto* receptor, [m^3];

$L'_{n,w}$ nivel global de presión de ruido de impactos normalizado, [dB].

3   El nivel global de presión de ruido de impactos normalizado, $L'_{n,w}$, resultante, para *recintos* superpuestos, *recintos* adyacentes y *recintos* con una arista horizontal común se calcula mediante las expresiones que se indican en los siguientes apartados.

4   Podrán aplicarse valores globales a todas las magnitudes de los elementos constructivos que aparecen en el cálculo.

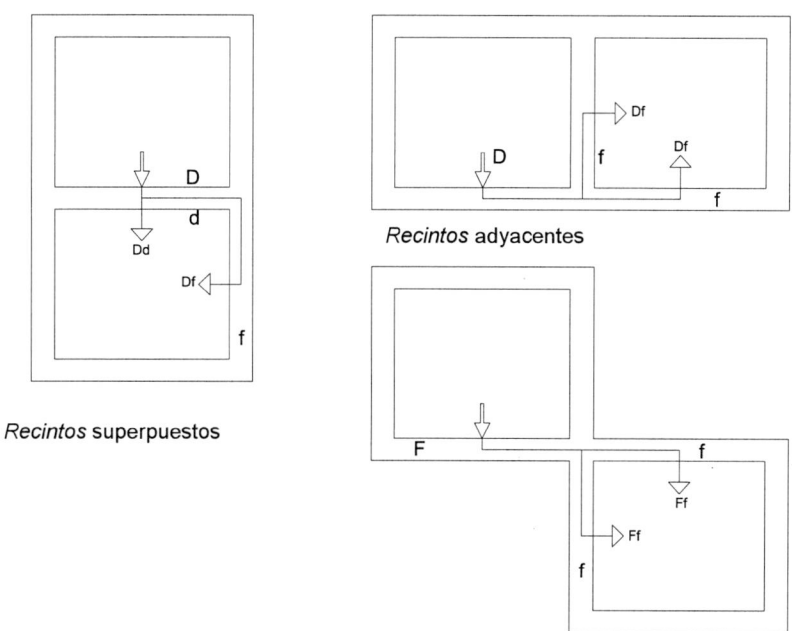

Recintos superpuestos

Recintos adyacentes

Recintos con una arista horizontal común

Figura 3.7 Definición de los caminos de transmisión entre dos *recintos* (Vista en sección vertical).

3.1.3.6.1 Recintos *superpuestos*

1   El nivel global de presión de ruido de impactos normalizado viene dado por:

$$L'_{n,w} = 10 \cdot \lg \left(10^{0,1L_{n,w,d}} + \sum_{j=1}^{n} 10^{0,1L_{n,w,ij}} \right) \quad [dB] \tag{3.21}$$

siendo

$L_{n,w,d}$ nivel global de presión de ruido de impactos normalizado, debido a la *transmisión directa*, [dB];

$L_{n,w,ij}$ nivel global de presión de ruido de impactos normalizado, debido a la *transmisión indirecta*, o por flancos, [dB];

n   número de flancos o de elementos de flanco, generalmente 4.

2   La *transmisión directa* vale:

$$L_{n,w,d} = L_{n,w} - \Delta L_w - \Delta L_{d,w} \quad [dB] \tag{3.22}$$

siendo

$L_{n,w}$ nivel global de presión de ruido de impactos normalizado medido in situ, [dB];

ΔL_w reducción del nivel global de presión de ruido de impactos por *revestimiento* del lado de la emisión, (p.e. *suelos flotantes*), [dB];

$\Delta L_{d,w}$ reducción del nivel global de presión de ruido de impactos por *revestimiento* del lado de la recepción, (p.e. *techos suspendidos*), [dB].

3   La *transmisión indirecta* desde el elemento i al j vale:

$$L_{n,w,ij} = L_{n,w} - \Delta L_w + \frac{R_{i,A} - R_{j,A}}{2} - \Delta R_{j,A} - K_{ij} - 10 \cdot \lg \frac{S_i}{l_{ij}l_0} \quad [dB] \tag{3.23}$$

siendo

$L_{n,w}$ nivel global de presión de ruido de impactos normalizado, [dB];

ΔL_w reducción del nivel global de presión de ruido de impactos por *revestimiento* colocado, en este caso, del lado de la emisión, (p.e. *suelos flotantes*), [dB];

R_A índice global de reducción acústica de un elemento ponderado A, [dBA];

$\Delta R_{j,A}$ mejora del índice global de reducción acústica por *revestimiento* del elemento j, [dB];

K_{ij} índice de reducción de vibraciones para cada camino de transmisión del elemento i al j, [dB];

S_i área del elemento excitado, [m^2];

l_{ij} longitud común de la arista de unión entre el elemento i y el j, [m];

l_0 longitud de la arista de unión de referencia de valor 1 m, [m].

3.1.3.6.2 Recintos *adyacentes y recintos con una arista horizontal común*

En estos casos no existen transmisiones directas. Las expresiones resultantes son inmediatas a la vista de las figuras correspondientes y de las relaciones para los distintos caminos de *transmisión indirecta* señalados en el punto anterior para $L_{n,w\ ij}$:

$$L'_{n,w} = 10 \cdot \lg \left(\sum_{j=1}^{n} 10^{0.1 L_{n,w,ij}} \right) \quad [dB] \qquad (3.24)$$

con la misma notación que la expresión 3.21.

3.1.4 Condiciones de diseño de las uniones entre elementos constructivos

Deben cumplirse las siguientes condiciones relativas a las uniones entre los diferentes elementos constructivos, para que junto a las condiciones establecidas en cualquiera de las dos opciones y las condiciones de ejecución establecidas en el apartado 5, se satisfagan los valores límite de aislamiento especificados en el apartado 2.1.

3.1.4.1 *Elementos de separación verticales*

3.1.4.1.1 *Encuentros con los forjados, las fachadas y la tabiquería*

3.1.4.1.1.1 Elementos de separación verticales de tipo 1

1   En los encuentros de los elementos de separación verticales de dos hojas de fábrica con *fachadas* de dos hojas, debe interrumpirse la hoja interior de la *fachada*, ya sea ésta de fábrica o de entramado y en ningún caso, la hoja interior debe cerrar la cámara del elemento de separación vertical o conectar sus dos hojas.

2   En los encuentros con la tabiquería, ésta debe interrumpirse de tal forma que el elemento de separación vertical sea continuo. En el caso de elementos de separación verticales de dos hojas de fábrica, la tabiquería no conectará las dos hojas del elemento de separación vertical, ni interrumpirá la cámara. Si fuera necesario anclar o trabar el elemento de separación vertical por razones estructurales, solo se trabará la tabiquería a una sola de las hojas del elemento de separación vertical de fábrica o se unirá a ésta mediante conectores.

3.1.4.1.1.2 Elementos de separación verticales de tipo 2

1   Las *bandas elásticas* deben colocarse en los encuentros de los elementos de separación verticales de tipo 2 y los forjados, las *fachadas* y los pilares. 2 Cuando un elemento de separación vertical de tipo 2 acomete a una *fachada*, deben disponerse *bandas elásticas*: a) en los encuentros con la hoja principal de las *fachadas* de una hoja, ventiladas o con el de *fachadas* con el aislamiento por el exterior; b) en el encuentro con la hoja exterior de una *fachada* de dos hojas.

3   En los encuentros con *fachadas* de dos hojas, debe interrumpirse la hoja interior de la *fachada*, ya sea ésta de fábrica o de entramado y en ningún caso la hoja interior de la *fachada* debe cerrar la cámara del elemento de separación vertical.

4   La tabiquería que acomete a un elemento de separación vertical ha de interrumpirse, de tal forma que el elemento de separación vertical sea continuo.

5   En el caso de que la tabiquería sea de fábrica o *de paneles prefabricados pesados* con *bandas elásticas*, las *bandas elásticas* deben colocarse en el apoyo de la tabiquería en el forjado o en el *suelo flotante*.

3.1.4.1.1.3 Elementos de separación verticales de tipo 3

1   Debe interponerse una banda de estanquidad en el encuentro de la perfilería con el forjado, los pilares, otros elementos de separación verticales y la hoja principal de las *fachadas* de una hoja, ventiladas o con el aislamiento por el exterior, de tal forma que se consiga la estanquidad.

2   En los encuentros con *fachadas* de dos hojas, debe interrumpirse la hoja interior de la *fachada*, y en ningún caso, la hoja interior de la *fachada* debe cerrar la cámara del elemento de separación vertical.

3   La tabiquería que acometa a un elemento de separación vertical ha de interrumpirse, de tal forma que el elemento de separación vertical sea continuo. En ningún caso, la tabiquería debe conectar las hojas del elemento de separación vertical, ni interrumpir la cámara.

3.1.4.1.2 *Encuentros con los conductos de instalaciones*

Cuando un conducto de instalaciones colectivas se adose a un elemento de separación vertical, se revestirá de tal forma que no disminuya el aislamiento acústico del elemento de separación y se garantice la continuidad de la solución constructiva.

3.1.4.2 *Elementos de separación horizontales*

3.1.4.2.1 *Encuentros con los elementos verticales*

1   Deben eliminarse los contactos entre el *suelo flotante* y los elementos de separación verticales, pilares y tabiques con apoyo directo; para ello, se interpondrá entre ambos una capa de material elástico o del mismo material aislante a ruido de impactos del *suelo flotante*.

2   Los techos suspendidos o los suelos registrables no serán continuos entre dos *recintos* pertenecientes a *unidades de uso* diferentes. La cámara de aire entre el forjado y un techo suspendido o un suelo registrable debe interrumpirse o cerrarse cuando el techo suspendido o el suelo registrable acometa a un elemento de separación vertical entre *unidades de uso* diferentes.

3.1.4.2.2 Encuentros con los conductos de instalaciones

1   En el caso de que un conducto de instalaciones, por ejemplo, de instalaciones hidráulicas o de ventilación, atraviese un elemento de separación horizontal, se recubrirá y se sellarán las holguras de los huecos efectuados en el forjado para paso del conducto con un material elástico que garantice la estanquidad e impida el paso de vibraciones a la estructura del edificio.

2   Deben eliminarse los contactos entre el *suelo flotante* y los conductos de instalaciones que discurran bajo él. Para ello, los conductos se revestirán de un material elástico.

3.2 *Tiempo de reverberación y absorción acústica*

3.2.1 Datos previos y procedimiento

1   Para satisfacer los valores límite del *tiempo de reverberación* requeridos en aulas y salas de conferencias de volumen hasta 350 m^3, restaurantes y comedores, puede elegirse uno de los dos métodos que figuran a continuación:

   a)   el método de cálculo general del *tiempo de reverberación* a partir del volumen y de la absorción acústica de cada uno de los *recintos* del apartado 3.2.2.

   b)   el método de cálculo simplificado del *tiempo de reverberación*, apartado 3.2.3, que consiste en emplear un tratamiento absorbente acústico aplicado en el techo. Este método sólo es válido en el caso de aulas de volumen hasta 350 m^3, restaurantes y comedores.

2   En el caso de aulas y salas de conferencias, ambas opciones son aplicables si los *recintos* son de formas prismáticas rectas o asimilables.

3   Debe calcularse la absorción acústica, A, de las *zonas comunes*, como se indica en la expresión 3.26 del apartado 3.2.2.

4   Para calcular el *tiempo de reverberación* y la absorción acústica, deben utilizarse los valores del coeficiente de absorción acústica medio, α_m, de los acabados superficiales, de los *revestimientos* y de los elementos constructivos utilizados y el área de absorción acústica equivalente medio, $A_{O,m}$, de cada mueble fijo, obtenidos mediante mediciones en laboratorio según los procedimientos indicados en la normativa correspondiente contenida en el anejo C o mediante tabulaciones incluidas en el Catálogo de Elementos Constructivos u otros Documentos Reconocidos del CTE.

En caso de no disponer de valores del coeficiente de absorción acústica medio α_m de productos, podrán utilizarse los valores del coeficiente de absorción acústica ponderado, α_w de acabados superficiales, de los *revestimientos* y de los elementos constructivos de los *recintos*

5   Debe diseñarse y dimensionarse, como mínimo, un caso de cada *recinto* que sea diferente en forma, tamaño y elementos constructivos.

6   Independientemente de lo especificado en este apartado, en el Anejo J se incluyen una serie de recomendaciones de diseño para aulas y salas de conferencias.

3.2.2 Método de cálculo general del *tiempo de reverberación*

1   El *tiempo de reverberación*, T, de un *recinto* se calcula mediante la expresión:

2

$$T = \frac{0,16 \ V}{A} \quad [s] \tag{3.25}$$

siendo

V   volumen del *recinto*, $[m^3]$;

A   absorción acústica total del *recinto*, $[m^2]$;

3   La absorción acústica, A, se calculará a partir de la expresión:

$$A = \sum_{i=1}^{n} \alpha_{m,i} \cdot S_i + \sum_{j=1}^{N} A_{O,m,j} + 4 \cdot \overline{m_m} \cdot V \tag{3.26}$$

siendo

$\alpha_{m\,i}$ coeficiente de absorción acústica medio de cada paramento, para las bandas de tercio de octava centradas en las frecuencias de 500, 1000 y 2000 Hz.

S_i área de paramento cuyo coeficiente de absorción es α_i, $[m^2]$;

$A_{O_{m,j}}$ área de absorción acústica equivalente media de cada mueble fijo absorbente diferente $[m^2]$;

V   volumen del *recinto*, $[m^3]$.

$\overline{m_m}$ coeficiente de absorción acústica medio en el aire, para las frecuencias de 500, 1000 y 2000 Hz y de valor 0,006 m^{-1}.

El término $4 \cdot \overline{m_m} \cdot V$ es despreciable en los *recintos* de volumen menor que 250 m^3.

3.2.3 Método de cálculo simplificado del tiempo de reverberación. Tratamientos absorbentes de los paramentos

1   En la mayoría de los casos puede emplearse un tratamiento absorbente uniforme aplicado únicamente en el techo. Los valores mínimos del coeficiente de absorción acústica medio del material o techo suspendido figuran en el apartado 3.2.3.1.

2   En aquellos casos en los que no sea posible encontrar un material o un techo suspendido con el valor de coeficiente de absorción acústica medio requerido en el apartado 3.2.3.1, deben utilizarse además tratamientos absorbentes adicionales al del techo en el resto de los paramentos, según el apartado 3.2.3.2.

3.2.3.1 Tratamientos absorbentes uniformes del techo

Las ecuaciones que figuran a continuación expresan el valor mínimo del coeficiente de absorción acústica medio, $\alpha_{m,t}$, del material o del techo suspendido para los casos siguientes:

a)   aulas de volumen hasta 350 m^3:

    i)   sin butacas tapizadas:

$$\alpha_{m,t} = h \cdot \left(0,23 - \frac{0,12}{\sqrt{S_t}} \right) \tag{3.27}$$

    ii)   con butacas tapizadas fijas:

$$\alpha_{m,t} = h \cdot \left(0,32 - \frac{0,12}{\sqrt{S_t}} \right) - 0,26 \tag{3.28}$$

b)   restaurantes y comedores:

$$\alpha_{m,t} = h \cdot \left(0,18 - \frac{0,12}{\sqrt{S_t}} \right) \tag{3.29}$$

siendo

h   altura libre del *recinto*, [m];

S_t área del techo, [m^2].

3.2.3.2 *Tratamientos absorbentes adicionales al del techo*

Los tratamientos absorbentes empleados en los paramentos deben cumplir la relación siguiente:

$$\alpha_{m,t} \cdot S_t = \sum_{i=1}^{n} \alpha_{m,i} \cdot S_i \tag{3.30}$$

siendo

$\alpha_{m,t}$ coeficiente de absorción acústica medio del techo obtenido de las expresiones 3.27, 3.28 y 3.29, según corresponda;

S_t área del techo, [m^2];

$\alpha_{m,i}$ coeficiente de absorción acústica medio del material utilizado para tratar el área S_i;

S_i área de paramento cuyo coeficiente de absorción es $\alpha_{m,i}$, [m^2].

3.3 RUIDO Y VIBRACIONES DE LAS INSTALACIONES

3.3.1 Datos que deben aportar los suministradores

Los suministradores de los equipos y productos incluirán en la documentación de los mismos los valores de las magnitudes que caracterizan los ruidos y las vibraciones procedentes de las instalaciones de los edificios:

a)   el nivel de potencia acústica, L_W, de equipos que producen *ruidos estacionarios*;

b)   la rigidez dinámica, s', y la carga máxima, m, de los lechos elásticos utilizados en las bancadas de inercia;

c)   el amortiguamiento, C, la transmisibilidad, τ, y la carga máxima ,m, de los sistemas antivibratorios puntuales utilizados en el aislamiento de maquinaria y conductos;

d)   el coeficiente de absorción acústica, α, de los productos absorbentes utilizados en conductos de ventilación y aire acondicionado;

e)   la atenuación de conductos prefabricados, expresada como pérdida por inserción, D, y la atenuación total de los silenciadores que estén interpuestos en conductos, o empotrados en *fachadas* o en otros elementos constructivos.

3.3.2 Condiciones de montaje de equipos generadores de ruido estacionario

1   Los equipos se instalarán sobre soportes antivibratorios elásticos cuando se trate de equipos pequeños y compactos o sobre una bancada de inercia cuando el equipo no posea una base propia suficientemente rígida para resistir los esfuerzos causados por su función o se necesite la alineación de sus componentes, como por ejemplo del motor y el ventilador o del motor y la bomba.

2   En el caso de equipos instalados sobre una bancada de inercia, tales como bombas de impulsión, la bancada será de hormigón o acero de tal forma que tenga la suficiente masa e inercia para evitar el paso de vibraciones al edificio. Entre la bancada y la estructura del edificio deben interponerse elementos antivibratorios.

3   Se consideran válidos los soportes antivibratorios y los conectores flexibles que cumplan la UNE 100153 IN.

4   Se instalarán conectores flexibles a la entrada y a la salida de las tuberías de los equipos.

5   En las chimeneas de las instalaciones térmicas que lleven incorporados dispositivos electromecánicos para la extracción de productos de combustión se utilizarán silenciadores.

3.3.2.1 *Equipos situados en recintos de instalaciones*

1   El máximo nivel de potencia acústica admitido de los equipos situados en *recintos de instalaciones* viene dado por la expresión:

$$L_W \le 70 + 10 \cdot \lg V - 10 \cdot \lg T + K \cdot \tau^2 \quad \text{[dB]} \tag{3.31}$$

siendo

L_W nivel de potencia acústica de emisión, [dB];

V   volumen del *recinto de instalaciones*, [m^3];

T   *tiempo de reverberación* del *recinto* que se puede calcular según la expresión 3.25, [s];

K   factor que depende del tipo de equipo, cuyo valor se obtendrá según la tabla 3.5;

τ transmisibilidad del sistema antivibratorio soporte de la instalación cuyo valor máximo puede tomarse de la tabla 3.5.

Tabla 3.5 Valores de K y τ de los sistemas antivibratorios

Tipo de equipo	K	Valor de la transmisibilidad, τ, máximo del sistema antivibratorio
Calderas	12,5	0,15
Bombas de impulsión	12,5	0,10
Maquinaria de los ascensores	1000	0,01

2   Cuando la instalación requiera tener unos niveles de potencia acústica mayores que el indicado, deben tenerse en cuenta los niveles de inmisión en los *recintos* colindantes, expresados en el desarrollo reglamentario de la Ley 37/2003 del Ruido.

3.3.2.2 *Equipos situados en recintos protegidos*

El nivel de potencia acústica, L_w, máximo de un equipo que emita ruido, tal como una unidad interior de aire acondicionado, situado en un *recinto protegido*, debe ser menor que el valor del nivel sonoro continuo equivalente estandarizado, ponderado A, $L_{eqA,T}$, establecido en la tabla 3.6 para cada tipo de recinto.

Tabla 3.6 Valores del *nivel sonoro continuo equivalente estandarizado*, ponderado A, $L_{eqA,T}$

Uso del edificio	Tipo de recinto	Valor de $L_{eqA,T}$ (dBA)
Sanitario	Estancias	35
	Dormitorios y quirófanos	30
	Zonas comunes	40
Residencial	Dormitorios y estancias	30
	Zonas comunes y servicios	50
Administrativo	Despachos profesionales	40
	Oficinas	45
	Zonas comunes	50
Docente	Aulas	40
	Sala lectura y conferencias	35
	Zonas comunes	50
Cultural	Cines y teatros	30
	Salas de exposiciones	45
Comercial		50

3.3.2.3 *Equipos situados en cubiertas y zonas exteriores anejas*

El nivel de potencia acústica máximo de los equipos situados en *cubiertas* y zonas exteriores anejas, será tal que en el entorno del equipo y en los *recintos habitables* y *protegidos* no se *superen los objetivos de calidad acústica* correspondientes.

3.3.2.4 *Condiciones de montaje*

1   Los equipos se instalarán sobre soportes antivibratorios elásticos cuando se trate de equipos pequeños y compactos o sobre una bancada de inercia cuando el equipo no posea una base propia suficientemente rígida para resistir los esfuerzos causados por su función o se necesite la alineación de sus componentes, como por ejemplo del motor y el ventilador o del motor y la bomba.

2   En el caso de equipos instalados sobre una bancada de inercia, tales como bombas de impulsión, la bancada será de hormigón o acero de tal forma que tenga la suficiente masa e inercia para evitar el paso de vibraciones al edificio. Entre la bancada y la estructura del edificio deben interponerse elementos antivibratorios.

3   Se consideran válidos los soportes antivibratorios y los conectores flexibles que cumplan la UNE 100153 IN.

4   Se instalarán conectores flexibles a la entrada y a la salida de las tuberías de los equipos.

5   En las chimeneas de las instalaciones térmicas que lleven incorporados dispositivos electromecánicos para la extracción de productos de combustión se utilizarán silenciadores.

6   Las bombas de impulsión se instalarán preferiblemente sumergidas.

7   Se evitarán suspensiones complementarias a la general, cuando las bombas se instalen en la *cubierta*.

3.3.3 Conducciones y equipamiento

3.3.3.1 *Hidráulicas*

1   Las conducciones colectivas del edificio deberán ir tratadas con el fin de no provocar molestias en los *recintos habitables* o *protegidos* adyacentes

2   En el paso de las tuberías a través de los elementos constructivos se utilizarán sistemas antivibratorios tales como manguitos elásticos estancos, coquillas, pasamuros estancos y abrazaderas desolidarizadoras.

3   El anclaje de tuberías colectivas se realizará a elementos constructivos de masa por unidad de superficie mayor que 150 kg/m^2.

4   En los cuartos húmedos en los que la instalación de evacuación de aguas esté descolgada del forjado, debe instalarse un techo suspendido con un material absorbente acústico en la cámara.

5   La velocidad de circulación del agua se limitará a 1 m/s en las tuberías de calefacción y los radiadores de las viviendas.

6   La grifería situada dentro de los *recintos habitables* será de Grupo II como mínimo, según la clasificación de UNE EN 200.

7   Se evitará el uso de cisternas elevadas de descarga a través de tuberías y de grifos de llenado de cisternas de descarga al aire.

8   Las bañeras y los platos de ducha deben montarse interponiendo elementos elásticos en todos sus apoyos en la estructura del edificio: suelos y paredes. Los sistemas de hidromasaje, deberán montarse mediante elementos de suspensión elástica amortiguada.

9   No deben apoyarse los radiadores en el pavimento y fijarse a la pared simultáneamente, salvo que la pared esté apoyada en el suelo flotante.

3.3.3.2 *Aire acondicionado*

1   Los conductos de aire acondicionado deben ser absorbentes acústicos cuando la instalación lo requiera y deben utilizarse silenciadores específicos.

2   Se evitará el paso de las vibraciones de los conductos a los elementos constructivos mediante sistemas antivibratorios, tales como abrazaderas, manguitos y suspensiones elásticas.

3.3.3.3 *Ventilación*

1   Los conductos de extracción que discurran dentro de una unidad de uso deben revestirse con elementos constructivos cuyo índice global de reducción acústica, ponderado A, R_A, sea al menos 33 dBA, salvo que sean de extracción de humos de garajes en cuyo caso deben revestirse con elementos constructivos cuyo índice global de reducción acústica, ponderado A, R_A, sea al menos 45 dBA.

2   Asimismo, cuando un conducto de ventilación se adose a un elemento de separación vertical se seguirán las especificaciones del apartado 3.1.4.1.2.

3   En el caso de que dos unidades de uso colindantes horizontalmente compartieran el mismo conducto colectivo de extracción, se cumplirán las condiciones especificadas en el DB HS3.

3.3.3.4 *Eliminación de residuos*

1   Para instalaciones de traslado de residuos por bajante, deben cumplirse las condiciones siguientes:

   a)   los conductos deben tratarse adecuadamente para que no trasmitan ruidos y vibraciones a los *recintos habitables y protegidos* colindantes.

   b)   El almacén de contenedores se considera un recinto de instalaciones y el suelo del almacén de contenedores debe ser flotante.

3.3.3.5 *Ascensores y montacargas*

1   Los sistemas de tracción de los ascensores y montacargas se anclarán a los sistemas estructurales del edificio mediante elementos amortiguadores de vibraciones. El recinto del ascensor, cuando la maquinaria esté dentro del mismo, se considerará un *recinto de instalaciones* a efectos de aislamiento acústico. Cuando no sea así, los elementos que separan un ascensor de una unidad de uso, deben tener un índice de reducción acústica, R_A mayor que 50 dBA.

2   Las puertas de acceso al ascensor en los distintos pisos tendrán topes elásticos que aseguren la práctica anulación del impacto contra el marco en las operaciones de cierre.

3   El cuadro de mandos, que contiene los relés de arranque y parada, estará montado elásticamente asegurando un aislamiento adecuado de los ruidos de impactos y de las vibraciones.

4   Productos de construcción

4.1   CARACTERÍSTICAS EXIGIBLES A LOS PRODUCTOS

1   Los productos utilizados en edificación y que contribuyen a la protección frente al ruido se caracterizan por sus propiedades acústicas, que debe proporcionar el fabricante.

2   Los productos que componen los *elementos constructivos homogéneos* se caracterizan por la masa por unidad de superficie kg/m^2.

3   Los productos utilizados para aplicaciones acústicas se caracterizan por:

   a)   la resistividad al flujo del aire, r, en kPa s/m^2, obtenida según UNE EN 29053, y la rigidez dinámica, s', en MN/m^3, obtenida según UNE EN 29052-1 en el caso de productos de relleno de las cámaras de los elementos constructivos de separación.

   b)   la rigidez dinámica, s', en MN/m^3, obtenida según UNE EN 29052-1 y la clase de compresibilidad, definida en sus propias normas UNE, en el caso de productos aislantes de ruido de impactos utilizados en *suelos flotantes* y *bandas elásticas*.

   c)   el coeficiente de absorción acústica, ·, al menos, para las frecuencias de 500, 1000 y 2000 Hz y el coeficiente de absorción acústica medio ·m, en el caso de productos utilizados como absorbentes acústicos.

   En caso de no disponer del valor del coeficiente de absorción acústica medio α_m, podrá utilizarse el valor del coeficiente de absorción acústica ponderado, α_w.

4   En el pliego de condiciones del proyecto deben expresarse las características acústicas de los productos utilizados en los elementos constructivos de separación.

4.2 Características exigibles a los elementos constructivos

1   Los elementos de separación verticales se caracterizan por el índice global de reducción acústica, ponderado A, R_A, en dBA;

Los *trasdosados* se caracterizan por la mejora del índice global de reducción acústica, ponderado A, ΔR_A, en dBA.

2   Los elementos de separación horizontales se caracterizan por:

a)   el índice global de reducción acústica, ponderado A, R_A, en dBA;

b)   el nivel global de presión de ruido de impactos normalizado, $L_{n,w}$, en dB.

Los *suelos flotantes* se caracterizan por:

a)   la mejora del índice global de reducción acústica, ponderado A, ΔR_A, en dBA;

b)   la reducción del nivel global de presión de ruido de impactos, ΔL_w, en dB.

Los techos suspendidos se caracterizan por:

a)   la mejora del índice global de reducción acústica, ponderado A, ΔR_A, en dBA;

b)   la reducción del nivel global de presión de ruido de impactos, ΔL_w, en dB.

c)   el coeficiente de absorción acústica medio, αm. si su función es el control de la reverberación.

3   La parte ciega de las *fachadas* y de las *cubiertas* se caracterizan por:

a)   el índice global de reducción acústica, Rw, en dB;

b)   el índice global de reducción acústica, ponderado A, R_A, en dBA;

c)   el índice global de reducción acústica, ponderado A, para ruido de automóviles, $R_{A,tr}$, en dBA;

d)   el término de adaptación espectral del índice de reducción acústica para ruido rosa incidente, C, en dB;

e)   el término de adaptación espectral del índice de reducción acústica para ruido de automóviles y de aeronaves, C_{tr}, en dB.

El conjunto de elementos que cierra el hueco (ventana, caja de persiana y aireador) de las *fachadas* y de las *cubiertas* se caracteriza por:

f)   el índice global de reducción acústica, R_w, en dB;

g)   el índice global de reducción acústica, ponderado A, R_A, en dBA;

h)   el índice global de reducción acústica, ponderado A, para ruido de automóviles, $R_{A,tr}$, en dBA;

i)   el término de adaptación espectral del índice de reducción acústica para ruido rosa incidente, C, en dB;

j)   el término de adaptación espectral del índice de reducción acústica para ruido de automóviles y de aeronaves, C_{tr}, en dB;

k)   la clase de ventana, según la norma UNE EN 12207;

En el caso de fachadas, cuando se dispongan como aberturas de admisión de aire, según DB-HS 3, sistemas con dispositivo de cierre, tales como aireadores o sistemas de microventilación, la verificación de la exigencia de aislamiento acústico frente a ruido exterior se realizará con dichos dispositivos cerrados.

4   Los *aireadores* se caracterizan por la diferencia de niveles normalizada, ponderada A, para ruido de automóviles, $D_{n,e,Atr}$, en dBA. Si dichos aireadores dispusieran de dispositivos de cierre, este índice caracteriza al aireador con dichos dispositivos cerrados.

5   Los *sistemas*, tales como techos suspendidos o conductos de instalaciones de aire acondicionado o ventilación, a través de los cuales se produzca la transmisión aérea indirecta, se caracterizan por la diferencia de niveles acústica normalizada para *transmisión indirecta*, ponderada A, $D_{n,s,A}$, en dBA.

6   Cada mueble fijo, tal como una butaca fija en una sala de conferencias o un aula, se caracteriza por el área de absorción acústica equivalente medio, $A_{O,m}$, en m^2.

7   En el pliego de condiciones del proyecto deben expresarse las características acústicas de los productos y elementos constructivos obtenidas mediante ensayos en laboratorio. Si éstas se han obtenido mediante métodos de cálculo, los valores obtenidos y la justificación de los cálculos deben incluirse en la memoria del proyecto y consignarse en el pliego de condiciones.

En las expresiones A.16 y A.17 del Anejo A se facilita el procedimiento de cálculo del índice global de reducción acústica mediante la ley de masa para *elementos constructivos homogéneos* enlucidos por ambos lados. En la expresión A.27 se facilita el procedimiento de cálculo del nivel global de presión de ruido de impactos normalizado para *elementos constructivos homogéneos*.

4.3 CONTROL DE RECEPCIÓN EN OBRA DE PRODUCTOS

1   En el pliego de condiciones se indicarán las condiciones particulares de control para la recepción de los productos que forman los elementos constructivos, incluyendo los ensayos necesarios para comprobar que los mismos reúnen las características exigidas en los apartados anteriores.

2   Deberá comprobarse que los productos recibidos:

a)   corresponden a los especificados en el pliego de condiciones del proyecto;

b)   disponen de la documentación exigida;

c)   están caracterizados por las propiedades exigidas;

d)   han sidoz ensayados, cuando así se establezca en el pliego de condiciones o lo determine el director de la ejecución de la obra, con la frecuencia establecida.

3   En el control se seguirán los criterios indicados en el artículo 7.2 de la Parte I del CTE.

5 Construcción

En el proyecto se definirán y justificarán las características técnicas mínimas que deben reunir los productos, así como las condiciones de ejecución de cada unidad de obra, con las verificaciones y controles especificados para comprobar su conformidad con lo indicado en dicho proyecto, según lo indicado en el artículo 6 de la parte I del CTE.

5.1 EJECUCIÓN

Las obras de construcción del edificio se ejecutarán con sujeción al proyecto, a la legislación aplicable, a las normas de la buena práctica constructiva y a las instrucciones del director de obra y del director de la ejecución de la obra, conforme a lo indicado en el artículo 7 de la Parte I del CTE. En el pliego de condiciones se indicarán las condiciones particulares de ejecución de los elementos constructivos. En especial se tendrán en cuenta las consideraciones siguientes:

5.1.1 Elementos de separación verticales y tabiquería

1   Los enchufes, interruptores y cajas de registro de instalaciones contenidas en los elementos de separación verticales no serán pasantes. Cuando se dispongan por las dos caras de un elemento de separación vertical, no serán coincidentes, excepto cuando se interponga entre ambos una hoja de fábrica o una placa de yeso laminado.

2   Las juntas entre el elemento de separación vertical y las cajas para mecanismos eléctricos deben ser estancas, para ello se sellarán o se emplearán cajas especiales para mecanismos en el caso de los elementos de separación verticales de *entramado autoportante*.

5.1.1.1 *De fábrica o paneles prefabricados pesados y trasdosados de fábrica*

1   Deben rellenarse las llagas y los tendeles con mortero ajustándose a las especificaciones del fabricante de las piezas.

2   Deben retacarse con mortero las rozas hechas para paso de instalaciones de tal manera que no se disminuya el aislamiento acústico inicialmente previsto.

3   En el caso de elementos de separación verticales formados por dos hojas de fábrica separadas por una cámara, deben evitarse las conexiones rígidas entre las hojas que puedan producirse durante la ejecución del elemento, debidas, por ejemplo, a rebabas de mortero o restos de material acumulados en la cámara. El material absorbente acústico o amortiguador de vibraciones situado en la cámara debe cubrir toda su superficie. Si éste no rellena todo el ancho de la cámara, debe fijarse a una de las hojas, para evitar el desplazamiento del mismo dentro de la cámara.

4   Cuando se empleen *bandas elásticas*, éstas deben quedar adheridas al forjado y al resto de particiones y *fachadas*, para ello deben usarse los morteros y pastas adecuadas para cada tipo de material.

5   En el caso de elementos de separación verticales con *bandas elásticas* (tipo 2) cuyo acabado superficial sea un enlucido, deben evitarse los contactos entre el enlucido de la hoja que lleva *bandas elásticas* en su perímetro y el enlucido del techo en su encuentro con el forjado superior, para ello, se prolongará la *banda elástica* o se ejecutará un corte entre ambos enlucidos. Para rematar la junta, podrán utilizarse cintas de celulosa microperforada.

6   De la misma manera, deben evitarse:

a)   los contactos entre el enlucido del tabique o de la hoja interior de fábrica de la fachada que lleven bandas elásticas en su encuentro con un elemento de separación vertical de una hoja de fábrica (Tipo 1) y el enlucido de ésta;

b)   los contactos entre el enlucido de la hoja que lleva *bandas elásticas* en su perímetro y el enlucido de la hoja principal de las *fachadas* de una sola hoja, ventiladas o con el aislamiento por el exterior.

5.1.1.2 *De entramado autoportante y trasdosados de entramado*

1   Los elementos de separación verticales de *entramado autoportante* deben montarse en obra según las especificaciones de la UNE 102040 IN y los *trasdosados*, bien de *entramado autoportante,* o bien adheridos, deben montarse en obra según las especificaciones de la UNE 102041 IN. En ambos casos deben utilizarse los materiales de anclaje, tratamiento de juntas y bandas de estanquidad establecidos por el fabricante de los sistemas.

2   Las juntas entre las placas de yeso laminado y de las placas con otros elementos constructivos deben tratarse con pastas y cintas para garantizar la estanquidad de la solución.

3   En el caso de elementos formados por varias capas superpuestas de placas de yeso laminado, deben contrapearse las placas, de tal forma que no coincidan las juntas entre placas ancladas a un mismo lado de la perfilería autoportante.

4   El material absorbente acústico o amortiguador de vibraciones puesto en la cámara debe rellenarla en toda su superficie, con un espesor de material adecuado al ancho de la perfilería utilizada.

5   En el caso de *trasdosados* autoportantes aplicados a un elemento base de fábrica, se cepillará la fábrica para eliminar rebabas y se dejarán al menos 10 mm de separación entre la fábrica y los canales de la perfilería.

5.1.2 Elementos de separación horizontales

5.1.2.1 *Suelos flotantes*

1   Previamente a la colocación del material aislante a ruido de impactos, el forjado debe estar limpio de restos que puedan deteriorar el material aislante a ruido de impactos.

2   El material aislante a ruido de impactos cubrirá toda la superficie del forjado y no debe interrumpirse su continuidad, para ello se solaparán o sellarán las capas de material aislante, conforme a lo establecido por el fabricante del aislante a ruido de impactos.

3   En el caso de que el *suelo flotante* estuviera formado por una capa de mortero sobre un material aislante a ruido de impactos y este no fuera impermeable, debe protegerse con una barrera impermeable previamente al vertido del hormigón.

4   Los encuentros entre el *suelo flotante* y los elementos de separación verticales, tabiques y pilares deben realizarse de tal manera que se eliminen contactos rígidos entre el *suelo flotante* y los elementos constructivos perimétricos.

5.1.2.2 *Techos suspendidos y suelos registrables*

1   Cuando discurran conductos de instalaciones por el techo suspendido o por el suelo registrable, debe evitarse que dichos conductos conecten rígidamente el forjado y las capas que forman el techo o el suelo.

2   En el caso de que en el techo hubiera luminarias empotradas, éstas no deben formar una conexión rígida entre las placas del techo y el forjado y su ejecución no debe disminuir el aislamiento acústico inicialmente previsto.

3   En el caso de techos suspendidos dispusieran de un material absorbente en la cámara, éste debe rellenar de forma continua toda la superficie de la cámara y reposar en el dorso de las placas y zonas superiores de la estructura portante.

4   Deben sellarse todas las juntas perimétricas o cerrarse el plenum del techo suspendido o el suelo registrable, especialmente los encuentros con elementos de separación verticales entre *unidades de uso* diferentes.

5.1.3 Fachadas y cubiertas

La fijación de los cercos de las carpinterías que forman los huecos (puertas y ventanas) y lucernarios, así como la fijación de las cajas de persiana, debe realizarse de tal manera que quede garantizada la estanquidad a la permeabilidad del aire.

5.1.4 Instalaciones

Deben utilizarse elementos elásticos y sistemas antivibratorios en las sujeciones o puntos de contacto entre las instalaciones que produzcan vibraciones y los elementos constructivos.

5.1.5 Acabados superficiales

Los acabados superficiales, especialmente pinturas, aplicados sobre los elementos constructivos diseñados para acondicionamiento acústico, no deben modificar las propiedades absorbentes acústicas de éstos.

5.2 CONTROL DE LA EJECUCIÓN

1   El control de la ejecución de las obras se realizará de acuerdo con las especificaciones del proyecto, sus anexos y las modificaciones autorizadas por el director de obra y las instrucciones del director de la ejecución de la obra, conforme a lo indicado en el artículo 7.3 de la Parte I del CTE y demás normativa vigente de aplicación.

2   Se comprobará que la ejecución de la obra se realiza de acuerdo con los controles establecidos en el pliego de condiciones del proyecto y con la frecuencia indicada en el mismo.

3   Se incluirá en la documentación de la obra ejecutada cualquier modificación que pueda introducirse durante la ejecución, sin que en ningún caso dejen de cumplirse las condiciones mínimas señaladas en este Documento Básico.

5.3 CONTROL DE LA OBRA TERMINADA

1   En el control se seguirán los criterios indicados en el artículo 7.4 de la Parte I del CTE.

2   En el caso de que se realicen mediciones in situ para comprobar las exigencias de *aislamiento acústico a ruido aéreo*, de *aislamiento acústico a ruido de impactos* y de limitación del *tiempo de reverberación*, se realizarán por laboratorios acreditados y conforme a lo establecido en las UNE EN ISO 140-4 y UNE EN ISO 140-5 para ruido aéreo, en la UNE EN ISO 140-7 para ruido de impactos y en la UNE EN ISO 3382 para *tiempo de reverberación*. La valoración global de resultados de las mediciones de aislamiento se realizará conforme a las definiciones de diferencia de niveles estandarizada para cada tipo de ruido según lo establecido en el Anejo H.

3   Para el cumplimiento de las exigencias de este DB se admiten tolerancias entre los valores obtenidos por mediciones in situ y los valores límite establecidos en el apartado 2.1 de este DB, de 3 dBA para *aislamiento a ruido aéreo*, de 3 dB para *aislamiento a ruido de impacto* y de 0,1 s para *tiempo de reverberación*.

4   En el caso de fachadas, cuando se dispongan como aberturas de admisión de aire, según DB-HS 3, sistemas con dispositivo de cierre, tales como aireadores o sistemas de microventilación, la verificación de la exigencia de aislamiento acústico frente a ruido exterior se realizará con dichos dispositivos cerrados.

6 Mantenimiento y conservación

1   Los edificios deben mantenerse de tal forma que en sus *recintos* se conserven las condiciones acústicas exigidas inicialmente.

2   Cuando en un edificio se realice alguna reparación, modificación o sustitución de los materiales o productos que componen sus elementos constructivos, éstas deben realizarse con materiales o productos de propiedades similares, y de tal forma que no se menoscaben las características acústicas del mismo.

3   Debe tenerse en cuenta que la modificación en la distribución dentro de una *unidad de uso*, como por ejemplo la desaparición o el desplazamiento de la tabiquería, modifica sustancialmente las condiciones acústicas de la unidad.

ANEJO A. TERMINOLOGÍA

Absorción acústica, A: Cantidad de energía acústica, en m^2, absorbida por un objeto del campo acústico. Es función de la frecuencia.

Puede calcularse, para absorbentes planos, en cada banda de frecuencia f, mediante la expresión siguiente:

$$A_f \cdot = \alpha_f \cdot S \qquad [m^2] \tag{A.1}$$

siendo

A_f absorción acústica para la banda de frecuencia f, $[m^2]$;

α_f coeficiente de absorción acústica del material para la banda de frecuencia f;

S   área del material, $[m^2]$.

Aislamiento acústico a ruido aéreo: Diferencia de niveles estandarizada, ponderada A, en dBA, entre el *recinto* emisor y el receptor.

Para *recintos* interiores se utiliza el índice $D_{nT,A}$.

Para *recintos* en los que alguno de sus cerramientos constituye una *fachada* o una *cubierta* en las que el*ruido exterior dominante* es el de automóviles o el de aeronaves, se utiliza el índice $D_{2m,nT,Atr}$.

Para *recintos* en los que alguno de sus cerramientos constituye una *fachada* o una *cubierta* en las que el*ruido exterior dominante* es el ferroviario o el de estaciones ferroviarias, se utiliza el índice $D_{2m,nT,A}$.

Aislamiento acústico a ruido de impactos: Protección frente al ruido de impactos. Viene determinado por el nivel global de presión de ruido de impactos estandarizado, $L'_{nT,w,}$ en dB.

***Área acústica*[1]:** Ámbito territorial, delimitado por la Administración competente, que presenta el mismo *objetivo de calidad acústica*.

Las *áreas acústicas* se clasificarán, en atención al uso predominante del suelo, en los tipos que determinen las comunidades autónomas, las cuales habrán de prever, al menos, los siguientes:

     a)   Sectores del territorio con predominio de suelo de uso residencial.

     b)   Sectores del territorio con predominio de suelo de uso industrial.

     c)   Sectores del territorio con predominio de suelo de uso recreativo y de espectáculos.

     d)   Sectores del territorio con predominio de suelo de uso terciario distinto del contemplado en el párrafo anterior.

     e)   Sectores del territorio con predominio de suelo de uso sanitario, docente y cultural que requiera de especial protección contra la contaminación acústica.

     f)   Sectores del territorio afectados a sistemas generales de infraestructuras de transporte, u otros equipamientos públicos que los reclamen.

     g)   Espacios naturales que requieran una especial protección contra la contaminación acústica.

Área de absorción acústica equivalente, A: Absorción acústica, en m^2, correspondiente a un objeto de superficie no definida. Corresponde a la absorción de una superficie con coeficiente de absorción acústica igual a 1 y área igual a la absorción total del elemento.

Bancada de inercia: Perfil de acero o de hormigón reforzado con armaduras, capaz de absorber los esfuerzos causados por el funcionamiento de un equipo, particularmente durante los arranques.

---

[1]   Definición procedente de la Ley 37/2003 de 17 de noviembre, del Ruido.

Banda de octava: Intervalo de frecuencias comprendido entre una frecuencia determinada y otra igual al doble de la anterior.

Banda de tercio de octava: Intervalo de frecuencias comprendido entre una frecuencia determinada f_1 y una frecuencia f_2 relacionadas por $(f_2/f_1)^3 = 2$.

Banda elástica: Banda de material elástico de al menos 10 mm de espesor utilizada para interrumpir la transmisión de vibraciones en los encuentros de una partición con suelos, techos, pilares y otras particiones. Se consideran materiales adecuados para las bandas aquéllos que tengan una rigidez dinámica, s', menor que 100 MN/m^3 tales como el poliestireno elastificado, el polietileno y otros materiales con niveles de prestación análogos.

Coeficiente de absorción acústica, ·: Relación entre la energía acústica absorbida por un objeto, usualmente plano, y la energía acústica incidente sobre el mismo, referida a la unidad de superficie. Es función de la frecuencia.

Los valores del coeficiente de absorción acústica y del área de absorción acústica equivalente se especificarán y usarán en los cálculos redondeados a la segunda cifra decimal. (Ejemplo: 0,355 → 0,36).

Cubierta: Cerramiento superior de los edificios, horizontal o con inclinación no mayor que 60° sobre la horizontal, que incluye el elemento resistente –forjado– más el acabado en su parte inferior –techo–, más revestimiento o cobertura en su parte superior. Debe considerarse *cubierta* tanto la parte ciega de la misma como los lucernarios.

Cubierta ligera: Cubierta cuya carga permanente no excede de 100 kg/m^2.

Curva de referencia para el nivel de presión de ruido de impactos (UNE EN ISO 717-2): Curva constituida por el conjunto de valores de nivel de presión de ruido de impactos que se indican a continuación:

Tabla A.1 Curva de referencia para ruido de impactos.

f Hz	$L_{ref,w}(f)$ dBA	f Hz	$L_{ref,w}(f)$ dBA
100	62	630	59
125	62	800	58
160	62	1000	57
200	62	1250	54
250	62	1600	51
315	62	2000	48
400	61	2500	45
500	60	3150	42

Diferencia de niveles estandarizada en *fachadas*, en *cubiertas* y en suelos en contacto con el aire exterior, $D_{2m,nT}$: *Aislamiento acústico a ruido aéreo* de una *fachada*, una *cubierta* o un suelo en contacto con el aire exterior, en dB, cuando la medida del nivel de ruido exterior, $L_{1,2m}$, se hace a 2 metros frente a la *fachada* o la *cubierta*.

Se define mediante la expresión siguiente:

$$D_{2m,nT} = L_{1,2m} - L_2 + 10 \cdot \lg \frac{T}{T_0} \quad [dB] \tag{A.2}$$

siendo

$L_{1,2m}$ nivel medio de presión sonora medido a 2 metros frente a la *fachada* o la *cubierta*, [dB];

L_2 nivel medio de presión sonora en el *recinto* receptor, [dB];

T *tiempo de reverberación* del *recinto* receptor, [s];

T_0 *tiempo de reverberación* de referencia; su valor es T_0=0,5 s.

Diferencia de niveles entre *recintos*, (o aislamiento acústico bruto entre *recintos*), D: Diferencia, en dB, entre los niveles medios de presión sonora producidos en dos *recintos* por la acción de una o varias fuentes de ruido emitiendo en uno de ellos, que se toma como *recinto* emisor. En general es función de la frecuencia.

Se define mediante la expresión siguiente:

$$D = L_1 - L_2 \quad [dB]$$ (A.3)

siendo

L_1 nivel medio de presión sonora en el *recinto* emisor, [dB];

L_2 nivel medio de presión sonora en el *recinto* receptor, [dB].

Diferencia de niveles estandarizada entre *recintos* interiores, D_{nT}: Diferencia entre los niveles medios de presión sonora producidos en dos *recintos* por una o varias fuentes de ruido emitiendo en uno de ellos, normalizada al valor 0,5 s del *tiempo de reverberación*. En general es función de la frecuencia.

Se define mediante la expresión siguiente:

$$D_{nT} = L_1 - L_2 + 10 \cdot \lg \frac{T}{T_0} \quad [dB]$$ (A.4)

siendo

L_1 nivel medio de presión sonora en el *recinto* emisor, [dB];

L_2 nivel medio de presión sonora en el *recinto* receptor, [dB];

T *tiempo de reverberación* del *recinto* receptor, [s];

T_0 *tiempo de reverberación* de referencia; su valor es $T_0 = 0,5$ s.

Diferencia de niveles estandarizada, ponderada A, en *fachadas*, en *cubiertas* y en suelos en contacto con el aire exterior, $D_{2m,nT,A}$: Valoración global, en dBA, de la diferencia de niveles estandarizada de una *fachada*, una *cubierta* o un suelo en contacto con el aire exterior, $D_{2m,nT}$, para ruido rosa.

Se define mediante la expresión siguiente:

$$D_{2m,nT,A} = -10 \cdot \lg \sum_{i=1}^{n} 10^{(L_{Ar,i} - D_{2m,nT,i})/10} \quad [dBA]$$ (A.5)

siendo

$D_{2m,nT,i}$ diferencia de niveles estandarizada, en la banda de frecuencia i, [dB];

$L_{Ar,i}$ valor del espectro normalizado del ruido rosa, ponderado A, en la banda de frecuencia i, [dBA];

i   recorre todas las bandas de frecuencia de tercio de octava de 100 Hz a 5 kHz.

En caso de que el *ruido exterior dominante* sea el ferroviario o el de estaciones ferroviarias también se utilizará este índice para la valoración global, pero usando los valores del espectro normalizado de ruido ferroviario o de estaciones ferroviarias, ponderado A.

Diferencia de niveles estandarizada, ponderada A, en *fachadas*, en *cubiertas* y en suelos en contacto con el aire exterior para ruido de automóviles, $D_{2m,nT,Atr}$: Valoración global, en dBA, de la diferencia de niveles estandarizada de una *fachada*, una *cubierta*, o un suelo en contacto con el aire exterior, $D_{2m,nT}$ para un ruido exterior de automóviles.

Se define mediante la expresión siguiente:

$$D_{2m,nT,Atr} = -10 \cdot \lg \sum_{i=1}^{n} 10^{(L_{Atr,i} - D_{2m,nT,i})/10} \quad [dBA]$$ (A.6)

siendo

$D_{2m,nT,i}$ diferencia de niveles estandarizada, en la banda de frecuencia i, [dB];

$L_{Atr,i}$ valor del espectro normalizado del ruido de automóviles, ponderado A, en la banda de frecuencia i, [dBA];

i   recorre todas las bandas de frecuencia de tercio de octava de 100 Hz a 5 kHz.

En caso de que el *ruido exterior dominante* sea el de aeronaves también se utilizará este índice para la valoración global, pero usando los valores del espectro normalizado de ruido de aeronaves, ponderado A.

Diferencia de niveles estandarizada, ponderada A, entre *recintos* interiores, $D_{nT,A}$: Valoración global, en dBA, de la diferencia de niveles estandarizada, entre *recintos* interiores, D_{nT}, para ruido rosa.

Se define mediante la expresión siguiente:

$$D_{nT,A} = -10 \cdot \lg \sum_{i=1}^{n} 10^{(L_{Ar,i} - D_{nT,i})/10} \quad \text{[dBA]} \tag{A.7}$$

siendo

$D_{nT,i}$ diferencia de niveles estandarizada en la banda de frecuencia i, [dB];

$L_{Ar,i}$ valor del espectro normalizado del ruido rosa, ponderado A, en la banda de frecuencia i, [dBA];

i   recorre todas las bandas de frecuencia de tercio de octava de 100 Hz a 5 kHz.

Diferencia de niveles normalizada de *elementos de construcción pequeños*, Dn,e: Diferencia de niveles normalizada, en dB, atribuible a *elementos de construcción pequeños*.

Se define mediante la expresión siguiente:

$$D_{n,e} = L_1 - L_2 + 10 \cdot \lg \frac{A_0}{A} \quad \text{[dB]} \tag{A.8}$$

siendo

L_1 nivel medio de presión sonora en el *recinto* emisor, [dB];

L_2 nivel medio de presión sonora en el *recinto* receptor, [dB];

A   área de absorción acústica equivalente del *recinto* receptor, [m^2];

A_0 área de absorción acústica equivalente de referencia, de valor A_0=10 m^2.

Diferencia de niveles por la forma de la *fachada*, $\Delta L_{f,s}$: Mejora del *aislamiento acústico a ruido aéreo* de *fachadas*, en dB, por efecto de apantallamientos debidos a petos, formas especiales y retranqueos. (Véase anejo F).

Se define mediante la expresión siguiente:

$$\Delta L_{f,s} = L_{1,2m} - L_{1,s} + 3 \quad \text{[dB]} \tag{A.9}$$

siendo

$L_{1,2m}$ nivel medio de presión sonora medido a 2 m frente a la *fachada* o la *cubierta*, [dB];

$L_{1,s}$ nivel medio de presión sonora medido en el plano de la *fachada* o la *cubierta*, [dB].

***Elemento constructivo homogéneo*:** Elemento de una sola hoja de fábrica, de hormigón, productos pétreos, etc. Se consideran forjados homogéneos las losas de hormigón, los forjados con elementos aligerantes cerámicos y de hormigón y los forjados de chapa colaborante.

Elemento constructivo mixto: Elemento formado por dos o más partes de cuantías de aislamiento diferentes, montadas unas como prolongación de otras hasta cubrir el total de la superficie. Ejemplos: pared formada por un murete sobre el que monta una cristalera, muro de *fachada* con ventanas, tabique con una puerta etc. (Véase Anejo G).

Elemento de entramado autoportante: Elemento constructivo formado por dos o más placas de yeso laminado, sujetas a una perfilería autoportante y con una cámara rellena con un material poroso, elástico y acústicamente absorbente.

Elemento de flanco: Elemento constructivo adyacente a un elemento de separación, por el cual se produce la *transmisión acústica indirecta* estructural o por vía de flancos.

Elementos de construcción pequeños: Elementos de área menor que 1 m², excepto ventanas y puertas, que colocados en los elementos de separación verticales, *fachadas* y *cubiertas*, transmiten el sonido entre dos *recintos* o entre un *recinto* y el exterior, tales como:

- elementos de climatización;

- aireadores;

- ventiladores;

- conductos eléctricos;

- sistemas de estanquidad, pasamuros...etc.

Espectro de frecuencias: Representación de la distribución de energía de un sonido en función de sus frecuencias componentes. Normalmente se expresa mediante niveles de presión o de potencia en bandas de tercio de octava o en bandas de octava.

Espectro normalizado del ruido de aeronaves, ponderado A: Representación, en forma numérica, de los valores de presión sonora, ponderados A, correspondientes a ruido de aeronaves en las frecuencias en bandas de tercios de octava y de octavas.

Tabla A.2 **Valores del espectro normalizado de ruido de aeronaves, ponderado A.**

f_i Hz	$L_{Aav,i}$ dBA	f_i Hz	$L_{Aav,i}$ dBA
100	-23,8	800	-9,5
125	-20,2	1000	-10,5
160	-15,4	1250	-11,0
200	-13,1	1600	-12,5
250	-12,6	2000	-14,9
315	-10,4	2500	-15,9
400	-9,8	3150	-18,6
500	-9,5	4000	-23,3
630	-8,7	5000	-29,9

Espectro normalizado del ruido de automóviles, ponderado A: Representación, en forma numérica, de los valores de presión sonora, ponderados A, correspondientes a ruido de automóviles en las frecuencias en bandas de tercios de octava y de octavas.

Tabla A.3 **Valores del espectro normalizado de ruido de automóviles, ponderado A.**

f_i Hz	$L_{Atr,i}$ dBA	f_i Hz	$L_{Atr,i}$ dBA
100	-20	800	-9
125	-20	1000	-8
160	-18	1250	-9
200	-16	1600	-10
250	-15	2000	-11
315	-14	2500	-13
400	-13	3150	-15
500	-12	4000	-16
630	-11	5000	-18

Espectro normalizado del ruido ferroviario o de estaciones ferroviarias, ponderado A: Representación, en forma numérica, de los valores de presión sonora, ponderados A, correspondientes a ruido ferroviario en las frecuencias en bandas de tercios de octava y de octavas.

Tabla A.4 Valores del espectro normalizado de ruido ferroviario o de estaciones ferroviarias, ponderado A.

f_i Hz	$L_{Aef,i}$ dBA	f_i Hz	$L_{Aef,i}$ dBA
100	-20	800	-9
125	-20	1000	-8
160	-18	1250	-9
200	-16	1600	-10
250	-15	2000	-11
315	-14	2500	-13
400	-13	3150	-15
500	-12	4000	-16
630	-11	5000	-18

Espectro normalizado del ruido rosa, ponderado A: Representación, en forma numérica, de los valores de presión sonora, ponderados A, correspondientes a ruido rosa normalizado en las frecuencias en bandas de tercios de octava y de octavas.

Tabla A.5 Valores del espectro normalizado de ruido rosa, ponderado A.

f_i Hz	$L_{Ar,i}$ dBA	f_i Hz	$L_{Ar,i}$ dBA
100	-30,1	800	-11,8
125	-27,1	1000	-11,0
160	-24,4	1250	-10,4
200	-21,9	1600	-10,0
250	-19,6	2000	-9,8
315	-17,6	2500	-9,7
400	-15,8	3150	-9,8
500	-14,2	4000	-10
630	-12,9	5000	-10,5

Estancias: *Recintos protegidos* tales como: salones, comedores, bibliotecas...etc. en edificios de uso residencial y despachos, salas de reuniones, salas de lectura...etc. en edificios de otros usos.

***Fachada*:** Cerramiento perimétrico del edificio, vertical o con inclinación no mayor que 60° sobre la horizontal, que lo separa del exterior. Incluye tanto el muro de *fachada* como los huecos (puertas exteriores y ventanas).

***Fachada ligera*:** *Fachada* continua y anclada a una estructura auxiliar, cuya masa por unidad de superficie es menor que 200 kg/m².

Frecuencia, f: Número de pulsaciones de una onda acústica sinusoidal ocurridas en un segundo.

Frecuencia crítica, fc: Frecuencia límite inferior a la que empieza a darse el fenómeno de coincidencia consistente en que la energía acústica se transmite a través del elemento constructivo en forma de ondas de flexión, acopladas con las ondas acústicas del aire, con la consiguiente disminución del aislamiento acústico.

Se define a partir de las constantes elásticas del elemento constructivo, mediante la expresión siguiente:

$$f_c = \frac{6.4 \cdot 10^4}{d} \sqrt{\frac{\rho \cdot \left(1 - \sigma^2\right)}{E}} \quad [Hz] \qquad (A.10)$$

siendo

d espesor de la pared, [m];

ρ densidad, [kg/m³];

E   módulo de Young, $[N/m^2]$;

σ   coeficiente de Poisson.

Índice de reducción acústica aparente, R': Aislamiento acústico, en dB, de un elemento constructivo medido in situ, incluidas las transmisiones indirectas. Es función de la frecuencia.

Se define mediante la expresión siguiente:

$$R' = L_1 - L_2 + 10 \cdot \lg \frac{S}{A} \quad [dB] \tag{A.11}$$

siendo

L_1 nivel medio de presión sonora en el *recinto* emisor, [dB];

L_2 nivel medio de presión sonora en el *recinto* receptor, [dB];

S   área del elemento constructivo, $[m^2]$;

A   área de absorción acústica equivalente del *recinto* receptor, $[m^2]$.

Índice de reducción acústica de un elemento constructivo, R: Aislamiento acústico, en dB, de un elemento constructivo medido en laboratorio. Es función de la frecuencia.

Se define mediante la expresión siguiente:

$$R = L_1 - L_2 + 10 \cdot \lg \frac{S}{A} \quad [dB] \tag{A.12}$$

siendo

L_1 nivel medio de presión sonora en el *recinto* emisor, [dB];

L_2 nivel medio de presión sonora en el *recinto* receptor, [dB];

S   área del elemento constructivo, $[m^2]$;

A   área de absorción acústica equivalente del *recinto* receptor, $[m^2]$.

Índice de reducción acústica por vía indirecta, R_{ij}: Diferencia entre los niveles sonoros de los *recintos* emisor y receptor, debida a la transmisión acústica por vía indirecta o por flancos.

Índice de reducción de vibraciones para caminos de transmisión sobre uniones de elementos-constructivos, K_{ij}:. Diferencia entre los niveles medios de velocidad entre ambos lados de la unión, promediada en las dos direcciones, normalizada a la longitud de la unión y a la longitud de absorcióne-quivalente de los elementos a cada lado. Es una magnitud relacionada con la transmisión de energía en una unión de dos elementos constructivos

Se define mediante la expresión siguiente:

$$K_{ij} = \overline{D_{v,ij,situ}} + 10 \cdot \lg \frac{l_{ij}}{\sqrt{a_{i,situ} \cdot a_{j,situ}}} dB; \quad \overline{D_{v,ij,situ}} \geq 0dB \quad [dB] \tag{A.13}$$

siendo

$D_{situ,ij,v}$ diferencia de niveles de velocidad promediada en los dos sentidos de propagación para cada camino de transmisión ij sobre la unión, [dB];

$a_{i,\,situ}$ longitud de absorción equivalente del elemento i medida in situ, [m];

$a_{j,\,situ}$ longitud de absorción equivalente del elemento j medida in situ, [m];

l_{ij} longitud común de la arista de unión entre el elemento i y el j, [m].

Como primera aproximación las longitudes de absorción equivalente pueden tomarse como $a_{i,\,situ} = S_i / l_0$ y $a_{j,\,situ} = S_j / l_0$, para todo tipo de elementos, con la longitud de acoplamiento de referencia $l_0 = 1$ m. Si en este caso el índice de reducción de vibraciones, calculado según el Anejo D, tiene un valor menor que el valor mínimo de $K_{ij\,min}$, entonces se utiliza este valor mínimo, cuya expresión viene dada por:

$$K_{ij,min} = 10 \cdot lg\left[I_{ij} \cdot I_0 \left(\frac{1}{S_i} + \frac{1}{S_j} \right) \right] \quad [dB] \qquad (A.14)$$

siendo

ij   caminos de transmisión Ff, Fd o Df;

I_0 = 1 m longitud de la arista de unión de referencia;

S_i área del elemento excitado i (forjado), [m²];

S_j área del elemento radiante j en el *recinto* receptor, [m²].

Índice de ruido día, L_d[2]: Índice de ruido asociado a la molestia durante el periodo día y definido como el nivel sonoro medio a largo plazo, ponderado A, determinado a lo largo de todos los periodos día de un año. Se expresa en dBA.

Índice global de reducción acústica aparente, ponderado A, de un elemento constructivo, R'_A: Valoración global, en dBA, del índice de reducción acústica aparente, R', para un ruido incidente rosa, normalizado, ponderado A.

Se define mediante la expresión siguiente:

$$R'_A = -10 \cdot lg \sum_{i=1}^{n} 10^{(L_{Ar,i} - R'_i)/10} \quad [dBA] \qquad (A.15)$$

siendo

R'i   índice de reducción acústica aparente en la banda de frecuencia i, [dB];

$L_{Ar,i}$ valor del espectro del ruido rosa normalizado, ponderado A, en la banda de frecuencia i, [dBA];

i   recorre todas las bandas de frecuencia de tercio de octava de 100 Hz a 5 kHz.

Índice global de reducción acústica aparente, R'w: Valor en decibelios de la curva de referencia, a 500 Hz, ajustada a los valores experimentales del índice de reducción acústica aparente, R'.

Índice global de reducción acústica, ponderado A, de un elemento constructivo, R_A: Valoración global, en dBA, del índice de reducción acústica, R, para un ruido incidente rosa normalizado, ponderado A.

Los índices de reducción acústica se determinarán mediante ensayo en laboratorio. No obstante, y en ausencia de ensayo, puede decirse que el índice de reducción acústica proporcionado por un elemento constructivo de una hoja de materiales homogéneos, es función casi exclusiva de su masa y son aplicables las siguientes expresiones (ley de masa) que determinan el aislamiento R_A, en función de la masa por unidad de superficie, m, expresada en kg/m²:

$$m \le 150kg/m^2 \quad R_A = 16,6 \cdot lg\,m + 5 \quad [dBA] \qquad (A.16)$$

$$m \ge 150kg/m^2 \quad R_A = 36,5 \cdot lg\,m - 38,5 \quad [dBA] \qquad (A.17)$$

A partir de los valores del índice de reducción acústica R, obtenidos mediante ensayo en laboratorio, este índice se define mediante la expresión siguiente:

$$R_A = -10 \cdot lg \sum_{i=1}^{n} 10^{(L_{Ar,i} - R_i)/10} \quad [dBA] \qquad (A.18)$$

---

[2]   Definición procedente del Real Decreto 1513/2005, de 16 de diciembre, por el que se desarrolla la Ley 37/2003, de 17 de noviembre, del Ruido, en lo referente a la evaluación y gestión del ruido ambiental.

siendo

R   valor del índice de reducción acústica en la banda de frecuencia i, [dB];

$L_{Ar,i}$,   valor del espectro del ruido rosa, ponderado A, en la banda de frecuencia i, [dBA];

i   recorre todas las bandas de frecuencia de tercio de octava de 100 Hz a 5 kHz.

De forma aproximada puede considerarse que $R_A = R_w + C$.

Índice global de reducción acústica, ponderado A, para *ruido exterior dominante* de automóviles, R_{Atr}: Valoración global, en dBA, del índice de reducción acústica, R, para un ruido exterior de automóviles.

Se define mediante la expresión siguiente:

$$R_A = -10 \cdot \lg \sum_{i=1}^{n} 10^{(L_{Ar,i}-R_i)/10} \quad \text{[dBA]} \tag{A.19}$$

siendo

R_i valor del índice de reducción acústica en la banda de frecuencia i, [dB];

$L_{Atr,i}$ valor del espectro normalizado del ruido de automóviles, ponderado A, en la banda de frecuencia i, [dBA];

i recorre todas las bandas de frecuencia de tercio de octava de 100 Hz a 5 kHz. De forma aproximada puede considerarse que $R_{Atr} = R + C_{tr}$

Índice global de reducción acústica, Rw: Valor en decibelios de la curva de referencia, a 500 Hz, ajustada a los valores experimentales del índice de reducción acústica, R según el método especificado en la UNE EN ISO 717 – 1.

Longitud de absorción equivalente de vibraciones de un elemento constructivo, a: Longitud equivalente a la absorción de vibraciones de un elemento constructivo.

Se define mediante la expresión siguiente:

$$a = \frac{2,2\pi^2 S}{c_0 T_s} \sqrt{\frac{f_{ref}}{f}} \quad \text{[m]} \tag{A.20}$$

siendo

s   *tiempo de reverberación* estructural del elemento, [s];

S   área del elemento constructivo, [m^2];

f   frecuencia, [Hz];

f_{ref} frecuencia de referencia, de valor 1000 Hz,

C_0 velocidad de propagación, [m/s].

Material poroso: Material absorbente de estructura alveolar, granular, fibrosa, etc., que actúa degradando la energía mecánica en calor, mediante el rozamiento del aire con las superficies del material.

***Medianería*:** Cerramiento que linda en toda su superficie o en parte de ella con otros edificios ya construidos, o que puedan construirse legalmente.

Mejora del índice de reducción acústica de un *revestimiento*, ΔR: Aumento del índice de reducción acústica de un elemento constructivo por adición de un tratamiento o *revestimiento* al elemento constructivo base. Se valora por la diferencia entre el índice de reducción acústica de un elemento constructivo de referencia con el *revestimiento* de mejora y el propio del elemento constructivo de referencia. Es función de la frecuencia.

Mejora del índice global de reducción acústica de un *revestimiento*, ΔRw: Aumento del índice global de reducción acústica de un elemento constructivo por adición de un tratamiento o *revestimiento* al elemento constructivo base. Se valora por la diferencia entre los valores globales del índice de reducción acústica de un elemento constructivo de referencia con el *revestimiento* de mejora y el propio del elemento constructivo de referencia.

Mejora del índice global de reducción acústica, ponderado A, de un *revestimiento*, ΔRA: Aumento del índice global de reducción acústica de un elemento constructivo por adición de un tratamiento o *revestimiento* al elemento constructivo base. Se valora por la diferencia entre los valores globales del índice de reducción acústica, ponderado A, de un elemento constructivo de referencia con el *revestimiento* de mejora y el propio del elemento constructivo de referencia.

Nivel de potencia acústica, LW: Se define mediante la expresión siguiente:

$$L_W = 10 \cdot \lg \frac{W}{W_0} \quad [dB] \tag{A.21}$$

siendo

W   potencia acústica considerada, [W];

W_0 potencia acústica de referencia, de valor 10^{-12} W.

Nivel de presión de ruido de impactos estandarizado, L'nT: Nivel de presión sonora medio, en dB, en el *recinto* receptor normalizado a un *tiempo de reverberación* de 0,5 s, cuando el elemento constructivo de separación respecto al *recinto* emisor es excitado por la máquina de impactos normalizada. Es función de la frecuencia.

Se define mediante la expresión siguiente:

$$L'_{nT} = L - 10 \cdot \lg \frac{T}{T_0} \quad [dB] \tag{A.22}$$

siendo

L   nivel medio de presión sonora en el *recinto* receptor, [dB];

T   *tiempo de reverberación* del *recinto* receptor, [s];

T_0 *tiempo de reverberación* de referencia; su valor es T0=0,5 s.

Nivel de presión de ruido de impactos normalizado de un elemento constructivo horizontal, Ln: Nivel de presión sonora medio en el *recinto* receptor referido a una absorción de 10 m², con el elemento constructivo horizontal montado como elemento de separación respecto al *recinto* superior. Tal elemento es excitado por la máquina de impactos normalizada, en condiciones de ensayo en laboratorio (carencia de transmisiones indirectas). Es función de la frecuencia.

Se define mediante la expresión siguiente:

$$L_n = L + 10 \cdot \lg \frac{A}{10} \quad [dB] \tag{A.23}$$

siendo

L   nivel medio de presión de ruido de impactos en el *recinto* receptor, [dB];

A   área de absorción equivalente del *recinto* receptor, [m²].

Nivel global de presión de ruido de impactos normalizado medido in situ, L'n,w: Es el valor a 500 Hz de la curva de referencia ajustada a los valores experimentales de nivel de presión de ruido de impactos normalizado, L'n. Si los niveles experimentales están dados para bandas de octava, el valor a 500 Hz se reduce en 5 dB.

Nivel de presión de ruido de impactos normalizado medido in situ, L'n: Es el nivel de presión sonora medio en el *recinto* receptor normalizado a una absorción acústica de 10 m^2, cuando el elemento constructivo de separación respecto al *recinto* superior es excitado por la máquina de impactos normalizada. Es función de la frecuencia.

Se define mediante la expresión siguiente:

$$L'_n = L + 10 \cdot \lg \frac{A}{10} \quad \text{[dB]}$$ (A.24)

siendo

L   nivel medio de presión sonora en el *recinto* receptor, [dB];

A   área de absorción acústica equivalente del *recinto* receptor, [m^2].

Nivel de presión sonora, ponderado A, L$_{pA}$: Nivel que valora un ruido complejo mediante un valor único empleando la ponderación A.

Para un ruido de espectro conocido, en bandas de tercio de octava o en bandas de octava, se define mediante la expresión siguiente:

$$L_{pA} = 10 \cdot \lg \sum_i 10^{(L_i + A_i)/10} \quad \text{[dBA]}$$ (A.25)

siendo

L$_i$ nivel de presión sonora en la banda de frecuencia i, [dB];

A$_i$ valor de la ponderación A en la banda de frecuencia i, [dBA].

Nivel de presión sonora, L$_p$: Se define mediante la expresión siguiente:

$$L_p = 10 \cdot \lg \left(\frac{p}{p_0} \right)^2 = 20 \cdot \lg \frac{p}{p_0} \quad \text{[dB]}$$ (A.26)

siendo

p   presión sonora considerada, [Pa];

p$_0$ presión sonora de referencia, de valor 2·10^{-5} Pa.

Se sobreentiende que las presiones sonoras se expresan en valores eficaces o rms, salvo que se diga lo contrario.

Nivel global de presión de ruido de impactos estandarizado, L'$_{nT,w}$: Valoración global del nivel de presión de ruido de impactos estandarizado, L'$_{nT}$.

Nivel global de presión de ruido de impactos normalizado de un elemento constructivo horizontal, L$_{n,w}$: Valor a 500 Hz de la curva de referencia ajustada a los valores experimentales de nivel de presión de ruido de impactos normalizado, L$_n$. Si los niveles experimentales están dados para bandas de octava, hay que reducir en 5 dB el valor a 500 Hz.

El nivel global de presión de ruido de impactos normalizado se determinará mediante ensayo en laboratorio. No obstante, y en ausencia de ensayo, puede decirse que el L$_{n,w}$ proporcionado por un elemento constructivo de una hoja de materiales homogéneos, es función casi exclusivamente de su masa y es aplicable la siguiente expresión definida en la norma UNE EN 12354-2, que determina el nivel de presión, en función de la masa por unidad de superficie, m, expresada en kg/m^2:

L$_{n,w}$ = 164 − 35 · lgm [dB]   (A.27)

Nivel medio de presión sonora en un *recinto*, L: Nivel correspondiente al promedio temporal y espacial del cuadrado de la presión acústica, extendiendo el promediado espacial al interior del *recinto* exceptuando las zonas de radiación directa de las fuentes y las próximas a las paredes, suelo y techo.

Para exploraciones de la presión a lo largo de trayectorias continuas representativas que se barren en un tiempo T se define mediante la expresión siguiente:

$$L = 10 \cdot \lg \frac{1}{T} \int_0^T \frac{p^2(t)}{p_0^2} dt \quad [dB] \tag{A.28}$$

siendo

p(t) valor de la presión acústica en el instante t, [Pa];

p0 presión sonora de referencia, de valor $2 \cdot 10^{-5}$ Pa;

Para exploraciones de la presión en n puntos discretos se define mediante la expresión siguiente:

$$L = 10 \cdot \lg \frac{1}{n} \sum_{i=1}^n 10^{L_{pi}/10} \quad [dB] \tag{A.29}$$

siendo

L_{pi} nivel de presión sonora medido en el punto i, [dB].

Cuando las diferencias entre los valores componentes son menores que 4 dB, se puede tomar como nivel medio la media aritmética de los niveles componentes.

Nivel medio de presión sonora estandarizado, ponderado A, $L_{A,T}$: Nivel medio de presión sonora, ponderado A, en un *recinto* referido a un *tiempo de reverberación* de 0,5 s.

Se define mediante la expresión siguiente:

$$L_{A,T} = L_A - 10 \cdot \lg \frac{T}{0,5} \quad [dBA] \tag{A.30}$$

siendo

LA nivel medio de presión sonora, ponderado A, en un recinto, [dBA];

T valor medido del *tiempo de reverberación*, [s].

Nivel sonoro continuo equivalente estandarizado, ponderado A, $L_{eqA,T}$: Nivel sonoro continuo equivalente, ponderado A, referido a un *tiempo de reverberación* de 0,5 s.

Se define mediante la expresión siguiente:

$$L_{eqA,T} = L_{eqA} - 10 \cdot \lg \frac{T}{0,5} \quad [dBA] \tag{A.31}$$

siendo

L_{eqA} nivel sonoro continuo equivalente, ponderado A, en los períodos establecidos, [dBA];

T valor medido del *tiempo de reverberación*, [s].

Nivel sonoro continuo equivalente, ponderado A, L_{eqA}: Viene definido, en dBA, por el valor LeqA. Para ruidos de nivel variable en el tiempo se define mediante la expresión:

$$L_{eqA} = 10 \cdot \lg \frac{1}{T} \int_0^T 10^{L(t)_{pA}/10} dt \quad [dBA] \tag{A.32}$$

siendo

$L(t)_{pA}$ nivel de presión sonora, ponderado A, en el instante t, [dBA];

T   intervalo temporal considerado, en s.

Cuando los niveles de un ruido, L_{pAi}, se mantienen prácticamente constantes (± 2 dB) en cada intervalo temporal t_i ,(T = $\sum_i t_i$), se puede usar la expresión:

$$L_{eqA} = 10 \cdot \lg \frac{1}{T} \sum_i 10^{L_{pA,i}/10} t_i \quad [dBA] \tag{A.33}$$

Objetivo de calidad acústica[3]***:*** Conjunto de requisitos que, en relación con la contaminación acústica, deben cumplirse en un momento dado en un espacio determinado.

Panel prefabricado pesado: Se consideran elementos prefabricados pesados los paneles de hormigón, yeso o cualquier material con características similares.

Ponderación espectral A: Aproximación con signo menos de la línea isofónica con un nivel de sonoridad igual a 40 fonios. En el margen de frecuencias de aplicación de este DB, la curva de ponderación A viene definida por los valores siguientes:

Tabla A.6 Valores de la curva de ponderación A

Frecuencia Hz	100	125	160	200	250	315	400	500	630
Curva de ponderación dBA	-19,1	-16,1	-13,4	-10,9	-8,6	-6,6	-4,8	-3,2	-1,9

Frecuencia Hz	800	1000	1250	1600	2000	2500	3150	4000	5000
Curva de ponderación dBA	-0,8	0	0,6	1,0	1,2	1,3	1,2	1,0	0,5

La ponderación espectral A se utiliza para compensar las diferencias de sensibilidad que el oído humano tiene para las distintas frecuencias dentro del campo auditivo.

Potencia acústica, W: Energía emitida en la unidad de tiempo por una fuente acústica determinada.

Presión acústica, p: Diferencia entre la presión total instantánea en un punto determinado, en presencia de una perturbación acústica y la presión estática en el mismo punto.

Recinto: Espacio del edificio limitado por *cerramientos*, *particiones* o cualquier otro elemento de separación.

Recinto de actividad: Aquellos recintos, en los edificios de uso residencial (público y privado), hospitalario o administrativo, en los que se realiza una actividad distinta a la realizada en el resto de los *recintos* del edificio en el que se encuentra integrado, siempre que el nivel medio de presión sonora estandarizado, ponderado A, del *recinto* sea mayor que 70 dBA. Por ejemplo, actividad comercial, de pública concurrencia, etc.

A partir de 80 dBA se considera *recinto ruidoso*.

Todos los aparcamientos se consideran recintos de actividad respecto a cualquier uso salvo los de uso privativo en vivienda unifamiliar.

---

[3]   Definición procedente de la Ley 37/2003 de 17 de noviembre, del Ruido.

Recinto de instalaciones: *Recinto* que contiene equipos de instalaciones colectivas del edificio, entendiendo como tales, todo equipamiento o instalación susceptible de alterar las condiciones ambientales de dicho *recinto*. A efectos de este DB, el recinto del ascensor no se considera un recinto de instalaciones a menos que la maquinaria esté dentro del mismo.

Recinto habitable: *Recinto* interior destinado al uso de personas cuya densidad de ocupación y tiempo de estancia exigen unas condiciones acústicas, térmicas y de salubridad adecuadas. Se consideran *recintos habitables* los siguientes:

a)   habitaciones y estancias (dormitorios, comedores, bibliotecas, salones, etc.) en edificios residenciales

b)   aulas, salas de conferencias, bibliotecas, despachos, en edificios de uso docente;

c)   quirófanos, habitaciones, salas de espera, en edificios de uso sanitario u hospitalario;

d)   oficinas, despachos; salas de reunión, en edificios de uso administrativo;

e)   cocinas, baños, aseos, pasillos. distribuidores y escaleras, en edificios de cualquier uso;

f)   cualquier otro con un uso asimilable a los anteriores.

En el caso en el que en un *recinto* se combinen varios usos de los anteriores siempre que uno de ellos sea protegido, a los efectos de este DB se considerará *recinto protegido*.

Se consideran *recintos no habitables* aquellos no destinados al uso permanente de personas o cuya ocupación, por ser ocasional o excepcional y por ser bajo el tiempo de estancia, sólo exige unas condiciones de salubridad adecuadas. En esta categoría se incluyen explícitamente como no habitables los trasteros, las cámaras técnicas y desvanes no acondicionados, y sus zonas comunes.

Recinto protegido: *Recinto habitable* con mejores características acústicas. Se consideran *recintos protegidos* los *recintos habitables* de los casos a), b), c), d).

Recinto ruidoso: *Recinto*, de uso generalmente industrial, cuyas actividades producen un nivel medio de presión sonora estandarizado, ponderado A, en el interior del recinto, mayor que 80 dBA.

Reducción del nivel de presión de ruido de impactos (o mejora del *aislamiento acústico a ruido de impactos*) de un *suelo flotante* o de un techo suspendido, ΔL: Diferencia entre el nivel de presión de ruido de impactos normalizado de un forjado normalizado de referencia con el *suelo flotante* o el techo suspendido y el propio del forjado de referencia. Es función de la frecuencia.

Reducción del nivel global de presión de ruido de impactos (o mejora global del *aislamiento acústico a ruido de impactos*) de un *suelo flotante* o de un techo suspendido, ΔL_w: Diferencia entre el nivel global de presión de ruido de impactos normalizado del forjado de referencia normalizado y el calculado para ese forjado de referencia con el *suelo flotante* o el techo suspendido. (Véase Anejo E).

Revestimiento: Capa colocada sobre un elemento constructivo base o soporte. Se consideran *revestimientos* los *trasdosados* en elementos constructivos verticales, los *suelos flotantes*, las moquetas y los techos suspendidos, en elementos constructivos horizontales.

Ruido blanco: Ruido que contiene todas las frecuencias con la misma amplitud. Su espectro expresado como niveles de presión o potencia, en bandas de tercio de octava, es una recta de pendiente 3 dB/octava. Se utiliza para efectuar las medidas normalizadas.

Ruido estacionario: Ruido continuo y estable en el tiempo. Se consideran *ruidos estacionarios* los procedentes de instalaciones de aire acondicionado, ventiladores, compresores, bombas impulsoras, calderas, quemadores, maquinaria de los ascensores, etc., rejillas y unidades terminales.

Ruido exterior dominante: Se considera que el ruido de aeronaves o el ruido ferroviario o el de estaciones ferroviarias es dominante frente al ruido de automóviles en un espacio exterior dado cuando el espectro del ruido en ese espacio, ponderado A, desplazado en una cuantía de nivel adecuada proporciona diferencias menores que 1,5 dBA en, por lo menos, 10 tercios de octava, al ajustarlo respectivamente al espectro del ruido de aeronaves o de estaciones ferroviarias.

Ruido rosa: Ruido cuyo espectro expresado como niveles de presión o potencia, en bandas de tercio de octava, consiste en una recta de pendiente 0 dB/octava. Se utiliza para efectuar las medidas normalizadas.

Silenciador o unidad de atenuación: Dispositivo capaz de reducir el nivel de presión sonora entre su entrada y su salida que se acopla al conducto de salida de gases de equipos o redes de instalaciones para atenuar el ruido.

Sistema: Instalación compartida por dos *recintos* que hace que la transmisión de sonido se produzca de forma aérea indirecta. Es el caso de conductos de instalaciones, como conductos de ventilación o aire acondicionado, techos suspendidos, etc.

Suelo flotante: Elemento constructivo sobre el forjado que comprende el solado con su capa de apoyo y el una capa de un material aislante a ruido de impactos.

Tabiquería de fábrica: Tabiquería formada por unidades de montaje en húmedo, tales como ladrillos huecos, ladrillos perforados, bloques de hormigón, bloques de arcilla aligerada, tabiques de escayola maciza, etc.

Tabiquería de entramado: Elemento constructivo formado por dos o más placas de yeso laminado, sujetas a una perfilería autoportante y con una cámara que puede estar rellena con un material poroso, elástico y acústicamente absorbente.

Término de adaptación espectral, C, C$_{tr}$: Valor en decibelios, que se añade al valor de una magnitud global obtenida por el método de la curva de referencia de la ISO 717-1 (R$_w$, por ejemplo), para tener en cuenta las características de un espectro de ruido particular. Cada índice global, ponderado A, lleva incorporado el término de adaptación espectral del índice global asociado, derivado del método de la curva de referencia.

Cuando el ruido incidente es rosa o ruido ferroviario o de estaciones ferroviarias se usa el símbolo C y cuando es ruido de automóviles o aeronaves el símbolo es C$_{tr}$.

Tiempo de reverberación estructural de un elemento constructivo, T$_s$: Tiempo, en s, correspondiente a una caída del nivel de vibración de 60 dB, a partir del cese de la excitación. Hay que distinguir entre los valores medidos en laboratorio, T$_{s,lab}$ y los medidos in situ, T$_{s,situ}$ para el mismo elemento.

Tiempo de reverberación, **T:** Tiempo, en s, necesario para que el nivel de presión sonora disminuya 60 dB después del cese de la fuente. En general es función de la frecuencia. Los valores de las exigencias establecidos como límite, se entenderán como la media de los valores a 500, 1000 y 2000 Hz.

Los valores del *tiempo de reverberación* se especificarán y usarán en los cálculos redondeados a la primera cifra decimal. (Ejemplo: 1,25 → 1,3)

Transmisión acústica directa: Transmisión del sonido al *recinto* receptor exclusivamente a través del elemento de separación, bien por su parte sólida o por partes de comunicación aérea, tales como rendijas, aberturas o conductos, etc., si los hubiere.

Transmisión acústica indirecta: Transmisión del sonido al *recinto* receptor a través de caminos de transmisión distintos del directo. Puede ser aérea y estructural; también se llama transmisión por flancos.

Trasdosado: Elemento suplementario del elemento constructivo vertical Se consideran los *trasdosados* siguientes:

a)   una o varias placas de yeso laminado sujetas a un entramado;

b)   un panel formado por una placa de yeso y una capa de material aislante adherido o anclado mecánicamente al elemento base;

c)   el conjunto formado por una hoja de fábrica con *bandas elásticas* perimétricas y una cámara rellena con un material absorbente, poroso y elástico.

Unidad de uso: Edificio o parte de un edificio que se destina a un uso específico, y cuyos usuarios están vinculados entre, sí bien por pertenecer a una misma unidad familiar, empresa, corporación, bien por formar parte de un grupo o colectivo que realiza la misma actividad. En cualquier caso, se consideran *unidades de uso*, las siguientes:

a)   en edificios de vivienda, cada una de las viviendas;

b)   en edificios de uso hospitalario, y residencial público, cada habitación incluidos sus anexos;

c)   en edificios docentes, cada aula o sala de conferencias incluyendo sus anexos;

Zona común: Zona o zonas que dan servicio a varias *unidades de uso*.

Anejo B. Notación

En este anejo se recogen, ordenados alfabéticamente, los símbolos correspondientes a las magnitudes que se utilizan en este DB junto con las unidades.

α: Coeficiente de absorción acústica

α_f: Coeficiente de absorción acústica de un material para la banda de frecuencia f

α_i: Coeficiente de absorción acústica del material i

α_m: Coeficiente de absorción acústica medio

$\alpha_{m,i}$ Coeficiente de absorción acústica medio del material i

$\alpha_{m,t}$ Coeficiente de absorción acústica medio del techo

α_w: Coeficiente de absorción acústica ponderado según la UNE EN ISO 11654

Φ Factor de directividad de la fuente

ρ: Densidad, $[kg/m^3]$

σ: Coeficiente de Poisson

τ: Transmisibilidad de un sistema antivibratorio

τ':   Factor de transmisión total de potencia acústica

ΔL: Reducción del nivel de presión de ruido de impactos de un *revestimiento*, [dB]

ΔL_d: Reducción del nivel de presión de ruido de impactos mediante una capa adicional sobre la cara de recepción del elemento de separación, [dB]

$\Delta L_{d,lab}$:   Reducción del nivel de presión de ruido de impactos mediante una capa adicional sobre la cara de recepción del elemento de separación, medido en laboratorio, [dB]

$\Delta L_{d,situ}$:   Reducción del nivel de presión de ruido de impactos mediante una capa adicional sobre la cara de recepción del elemento de separación medido in situ, [dB]

$\Delta L_{d,w}$:   Reducción del nivel global de presión de ruido de impactos por *revestimiento* del lado de la recepción, [dB]]

ΔL_{fs}:   Diferencia de niveles por la forma de la *fachada*, [dB]

ΔL_{lab}:   Reducción del nivel de presión de ruido de impactos de un *revestimiento* de forjado, medido en laboratorio, [dB]

ΔL_{situ}:   Reducción del nivel de presión de ruido de impactos por *revestimiento* de la cara de emisión del elemento de separación, medido in situ, [dB]

$\Delta L(f)$:   Reducción del nivel de presión de ruido de impactos, para cada banda de tercio de octava, de un *revestimiento*, [dB]

ΔL_w: Reducción del nivel global de presión de ruido de impactos de un *revestimiento*, [dB]

$\Delta L_{w,situ}$:   Reducción del nivel global de presión de ruido de impactos por *revestimiento* del lado de la emisión, medido in situ, [dB]

ΔR: Mejora del índice de reducción acústica de un *revestimiento*, [dB]

$\Delta R_{d,A}$:   Mejora del índice global de reducción acústica por *revestimiento* del elemento de separación en el *recinto* receptor, [dBA]

$\Delta R_{i,A}$:   Mejora del índice global de reducción acústica por *revestimiento* del elemento i, [dBA]

$\Delta R_{ij,A}$:   Mejora del índice global de reducción acústica para cada camino de *transmisión indirecta*, [dBA]

$\Delta R_{j,A}$:   Mejora del índice global de reducción acústica por *revestimiento* del elemento j, [dBA]

ΔR_{lab}:   Mejora del índice global de reducción acústica de un *revestimiento*, medido en laboratorio [dB]

ΔR_{situ}:   Mejora del índice de reducción acústica de un *revestimiento* medido in situ, [dB]

ΔR_w: Mejora del índice global de reducción acústica de un *revestimiento*, [dB]

ΔR_A: Mejora del índice global de reducción acústica, ponderado A, de un *revestimiento*, [dBA]

$\Delta R_{A,I}$:   Índice global de la mejora del índice de reducción acústica, para la curva de referencia con frecuencia crítica baja, [dBA]

$\Delta R_{A,m}$:   Índice global de la mejora del índice de reducción acústica, para la curva de referencia con frecuencia crítica media, [dBA]

$\Delta R_{D,A}$:   Mejora del índice global de reducción acústica, ponderado A, por *revestimiento* del elemento de separación en el *recinto* emisor, [dBA]

$\Delta R_{Dd,A}$:   Mejora del índice global de reducción acústica, por efecto de *revestimientos* del lado de la emisión y/o recepción del elemento de separación para ruido rosa, [dBA]

$\Delta R_{Df,A}$: Mejora del índice global de reducción acústica, por efecto de *revestimientos* en el elemento de separación del lado de la emisión y/o del elemento de flanco en la recepción para ruido rosa, [dBA]

$\Delta R_{Fd,A}$: Mejora del índice global de reducción acústica, por efecto de *revestimientos* en el elemento de flanco del lado de la emisión y/o del elemento de separación en la recepción para ruido rosa, [dBA]

$\Delta R_{Ff,A}$: Mejora del índice global de reducción acústica, por efecto de *revestimientos* del lado de la emisión y/o recepción del elemento de flanco para ruido rosa, [dBA]

a: Longitud de absorción equivalente de vibraciones de un elemento constructivo, [m]

c_o: Velocidad de propagación, [m/s]

d: Espesor de la pared, [m]

e_1: Espesor del elemento flexible interpuesto, [m]

f: Frecuencia, [Hz]

f_c: Frecuencia crítica, [Hz]

f_{ref}: Frecuencia de referencia de valor 1000 Hz, [Hz]

f_0: Frecuencia de resonancia, [Hz]

h: Altura libre de un *recinto*, [m]

k': Rigidez dinámica de una suspensión o sistema antivibratorio, [MN/m³]

l_f: Longitud común de la arista de unión entre el elemento de separación y los elementos de flancos F y f, [m]

l_{ij}: Longitud común de la arista de unión entre el elemento i y el j, [m]

l_0: Longitud de la arista de unión de referencia de valor 1 m, [m]

m: Masa por unidad de superficie, [kg/m²]

m: Carga máxima, [kg/m²]

m: Coeficiente de absorción acústica en el seno del aire, [m⁻¹]

$\overline{m}_m$ Coeficiente de absorción acústica medio en el aire, para las frecuencias de 500, 1000 y 2000 Hz, [m⁻¹]

m'_i: Masa por unidad de superficie del elemento i en el camino de transmisión ij, [kg/m²]

$m'_{\perp i}$: Masa por unidad de superficie de otro elemento, perpendicular al i, que forma la unión, [kg/m²]

n: Número de elementos de flanco del *recinto*

n: Número de caminos indirectos

n: Número total de materiales caracterizados por un coeficiente de absorción acústica diferente

p: Presión acústica, [Pa]

p_0: Presión sonora de referencia, de valor 2·10⁻⁵ Pa, [Pa]

p(t): Presión acústica en el instante t, [Pa]

r: Resistividad al flujo del aire, [kPa s/m²]

s': Rigidez dinámica, [MN/m³]

A: Área de absorción acústica equivalente, [m²]

A: Área de absorción acústica equivalente de un *recinto*, [m²]

A_f: Absorción acústica para la banda de frecuencia f, [m²]

Ai: Valor de la ponderación A en la banda de frecuencia i, [dBA]

A_O: Área de absorción acústica equivalente de un mueble fijo, [m²]

$A_{O,m}$: Área de absorción acústica equivalente media de un mueble fijo, [m²];

A_0: Área de absorción equivalente de referencia, para viviendas es 10 m², [m²]

C: Amortiguamiento del sistema antivibratorio

C: Término de adaptación espectral del índice de reducción acústica para ruido rosa incidente, [dB]

C_{tr}: Término de adaptación espectral del índice de reducción acústica para ruido de automóviles y ruido de aeronaves, [dB]

C_0: Amortiguamiento crítico

D: Pérdidas por inserción, [dBA/m]

D: Diferencia de niveles entre *recintos*, [dB]

$D_{n,ai,A}$: Diferencia de niveles normalizada, ponderada A, para la transmisión de ruido aéreo por vía directa *ei* o indirecta *Si* de todos los *sistemas* instalados, [dBA]

D_{nT}: Diferencia de niveles estandarizada entre *recintos* interiores, [dB]

$D_{nT,i}$: Diferencia de niveles estandarizada en la banda de frecuencia i, [dB]

$D_{nT,w}$: Diferencia global de niveles estandarizada, [dB]

$D_{nT,A}$: Diferencia de niveles estandarizada, ponderada A, entre *recintos* interiores, [dBA]

$D_{n,e}$: Diferencia de niveles normalizada de un *elemento de construcción pequeño*, [dB]

$D_{n,e,A}$:   Diferencia de niveles normalizada, ponderada A, de un *elemento de construcción pequeño*, [dBA]

$D_{n,e,Atr}$:   Diferencia de niveles normalizada, ponderada A, de un *elemento de construcción pequeño*, para *ruido exterior dominante* de automóviles o de aeronaves, [dBA]

$D_{n,s,A}$:   Diferencia de niveles normalizada, ponderada A, para *transmisión indirecta* a través de un *sistema* s, [dBA]

$\overline{D_{v,ij,situ}}$:   Diferencia de niveles de velocidad promediada en los dos sentidos de propagación para cada camino de transmisión ij sobre la unión medida in situ, [dB]

$D_{2m,nT}$:   Diferencia de niveles estandarizada en *fachadas* y en *cubiertas*, [dB]

$D_{2m,nT,A}$:   Diferencia de niveles estandarizada, ponderada A, en *fachadas* y en *cubiertas*, para ruido rosa y para *ruido exterior dominante* ferroviario o de estaciones ferroviarias, [dBA]

$D_{2m,nT,Atr}$:   Diferencia de niveles estandarizada, ponderada A, en *fachadas* y en *cubiertas*, para *ruido exterior dominante* de automóviles o de aeronaves, [dBA]

$D_{2m,nT,Ai}$ Diferencia de niveles estandarizada, ponderada A, en la banda de frecuencia i, [dB]

E: Módulo de Young, [N/m^2]

K_{ij}:   Índice de reducción de vibraciones para cada camino de transmisión ij (ij = Ff; Fd o Df)

$K_{ij\ min}$:   Valor mínimo del índice de reducción de vibraciones

K_{Df}:   Índice de reducción de vibraciones para el camino de transmisión Df, [dB]

K_{Fd}:   Índice de reducción de vibraciones para el camino de transmisión Fd, [dB]

K_{Ff}:   Índice de reducción de vibraciones para el camino de transmisión Ff, [dB]

L: Nivel medio de presión de ruido de impactos en un *recinto*, [dB]

L: Nivel medio de presión sonora en un *recinto*, [dB]

L_d: Índice de ruido día, [dBA]

L_{eqA}:   Nivel sonoro continuo equivalente, ponderado A, [dBA]

$L_{eqA,T}$:   Nivel sonoro continuo equivalente estandarizado, ponderado A, [dBA]

L_i: Nivel de presión sonora en la banda de frecuencia i, [dB];

L_n: Nivel sonoro equivalente noche [dBA]

L_n: Nivel de presión de ruido de impactos normalizado, [dB]

$L_{n,lab}$:   Nivel de presión de ruido de impactos normalizado medido en laboratorio, [dB]

$L_{n,r}(f)$:   Nivel de presión de ruido de impactos, para cada banda de tercio de octava, del forjado normalizado, [dB]

$L_{n,r}{+}(f)$:   Nivel de presión de ruido de impactos, para cada banda de tercio de octava, del forjado normalizado con el *suelo flotante*, [dB]

$L_{n,r,0}(f)$:   Nivel de presión de ruido de impactos, para cada banda de tercio de octava, del forjado normalizado de referencia, [dB]

$L_{n,r,0}{+}(f)$:   Nivel de presión de ruido de impactos, para cada banda de tercio de octava, del forjado normalizado de referencia incrementado con los valores de la reducción del nivel de ruido de impactos del *suelo flotante*, [dB]

$L_{n,r,0,w}$:   Nivel global de presión de ruido de impactos del forjado normalizado de referencia, de valor 78dB, [dB]

$L_{n,r,0+,w}$:   Nivel global de presión de ruido de impactos del forjado normalizado de referencia incrementado con los valores de la reducción del nivel de ruido de impactos del *suelo flotante*, [dB]

$L_{n,situ}$:   Nivel de presión de ruido de impactos normalizado medido in situ, [dB]

$L_{n,w}$:   Nivel global de presión de ruido de impactos normalizado, [dB]

$L_{n,w,d}$:   Nivel global de presión de ruido de impactos normalizado para la *transmisión directa*, [dB]

$L_{n,w,ij}$:   Nivel global de presión de ruido de impactos normalizado para la *transmisión indirecta*, o por flancos [dB]

L_p: Nivel de presión sonora, [dB]

L_{pi}:   Nivel de presión sonora en el punto i, [dB]

L_{pA}:   Nivel de presión sonora ponderado A, [dBA]

$L_{ref,w}(f)$:   Curva de referencia para el nivel de presión de ruido de impactos, [dB]

$L_{Ar,i}$:   Valor del espectro normalizado de ruido rosa, ponderado A, en la banda de frecuencia i, [dBA]

L_A: Nivel medio de presión sonora, ponderado A, en un *recinto*, [dBA]

$L_{Aav,i}$:   Valor del espectro normalizado de ruido de aeronaves, ponderado A, en la banda de frecuencia i, [dBA]

$L_{Aef,i}$:   Valor del espectro normalizado de ruido ferroviario o de estaciones ferroviarias, ponderado A, en la banda de frecuencia i, [dBA]

$L_{Atr,i}$:   Valor del espectro normalizado de ruido de automóviles, ponderado A, en la banda de frecuencia i, [dBA]

$L_{A,T}$: Nivel medio de presión sonora estandarizado, ponderado A, [dBA]

L_W: Nivel de potencia acústica, [dB]

L'_n: Nivel de presión de ruido de impactos normalizado medido in situ, [dB]

L'_{nT}: Nivel de presión de ruido de impactos estandarizado, [dB]

$L'_{nT,w}$: Nivel global de presión de ruido de impactos estandarizado, [dB]

$L'_{n,w}$: Nivel global de presión de ruido de impactos normalizado, [dB]

$L(t)_{pA}$: Nivel de presión sonora, ponderado A, en el instante t, [dBA]

L_1: Nivel medio de presión sonora en el *recinto* emisor, [dB]

$L_{1,s}$: Nivel medio de presión sonora medio en el plano de la *fachada* o la *cubierta*, [dB]

$L_{1,2m}$: Nivel medio de presión sonora a 2 metros de la *fachada* o la *cubierta*, [dB]

L_2: Nivel medio de presión sonora en el *recinto* receptor, [dB]

R: Índice de reducción acústica de un elemento constructivo, [dB]

R_{con}: Índice de reducción acústica, para cada banda de tercio de octava, del elemento constructivo base con el *revestimiento*, [dB]

R_{sin}: índice de reducción acústica, para cada banda de tercio de octava, del elemento constructivo base solo, [dB]

$R_{f,A}$: Índice global de reducción acústica del elemento de flanco f para ruido rosa incidente, [dBA]

R_i: Índice de reducción acústica en la banda de frecuencia de i, [dB]

R_{ij}: Índice de reducción acústica por vía indirecta, para cada uno de los caminos ij (ij = Ff; Fd o Df), [dB]

$R_{ij,A}$: Índice global de reducción acústica por vía indirecta, ponderado A, para cada uno de los caminos ij (ij = Ff; Fd o Df), [dBA]

$R_{i,A}$: Índice global de reducción acústica, ponderado A, del elemento i, [dBA]

R_{lab}: Índice de reducción acústica de un elemento medido en laboratorio, [dB]

$R_{m,A}$: Índice global de reducción acústica, ponderado A, del *elemento constructivo mixto*, [dBA]

R_{situ}: Índice de reducción acústica de un elemento medido in situ, [dB]

R_w: Índice global de reducción acústica, [dB]

R_A: Índice global de reducción acústica de un elemento, ponderado A, [dBA]

$R_{A,situ}$: Índice global de reducción acústica, ponderado A, de un elemento medido in situ, [dBA]

$R_{A,tr}$: Índice global de reducción acústica, ponderado A, para *ruido exterior dominante* de automóviles o de aeronaves, [dBA]

$R_{Dd,A}$: Índice global de reducción acústica, ponderado A, para la *transmisión directa*, [dBA]

$R_{Df,A}$: Índice global de reducción acústica, ponderado A, para la *transmisión indirecta*, del camino Df, [dBA]

$R_{Fd,A}$: Índice global de reducción acústica, ponderado A, para la *transmisión indirecta*, del camino Fd, [dBA]

$R_{Ff,A}$: Índice global de reducción acústica, ponderado A, para la *transmisión indirecta*, del camino Ff, [dBA]

$R_{F,A}$: Índice global de reducción acústica del elemento de flanco F para ruido rosa incidente, [dBA]

$R_{S,A}$: Índice global de reducción acústica del elemento de separación para ruido rosa incidente, [dBA]

R_0: Índice de reducción acústica de la curva de referencia para mediciones con la pared base de referencia con frecuencia crítica baja, en las bandas de tercio de octava del intervalo 100-5000 Hz, [dB]

$R_{0,A}$: Índice global de reducción acústica, ponderado A, del elemento constructivo base, [dBA]

$R_{0,i}$: Valores del índice de reducción acústica de la curva de referencia para mediciones con la pared base de referencia con frecuencia crítica baja, en las bandas de tercio de octava del intervalo 100-5000 Hz, [dB]

$R_{0,m}$: Valores del índice de reducción acústica de la curva de referencia para mediciones con la pared base de referencia con frecuencia crítica media, en las bandas de tercio de octava del intervalo 100-5000 Hz, [dB]

$R_{1,A}$: Índice global de reducción acústica, ponderado A, del elemento de mayor aislamiento acústico, generalmente la parte ciega de la *fachada* o de la *cubierta*, [dBA]

$R_{2,A}$: Índice global de reducción acústica, ponderado A, del elemento de menor aislamiento, generalmente los huecos, puertas, ventanas y lucernarios, [dBA]

R': Índice de reducción acústica aparente de un elemento constructivo medido in situ, [dB]

R'_i: Índice de reducción acústica aparente en la banda de frecuencia de i, [dB]

R'_w: Índice global de reducción acústica aparente, [dB]

R'_A: Índice global de reducción acústica aparente, ponderado A, [dBA]

S: Área, [m^2]

S_a: Área de un tratamiento adicional de superficie, $[m^2]$

S_h: Área de los huecos de una *fachada* o de una *cubierta*, $[m^2]$

S_i: Área de cada elemento i con coeficiente de absorción acústica ·i, $[m^2]$

S_j: Área del elemento radiante j en el *recinto* receptor, $[m^2]$

S_s: Área compartida del elemento de separación, $[m^2]$

S_t: Área del techo, $[m^2]$

S_0:   Área del aireador, $[m^2]$

T: Intervalo temporal considerado, [s]

T: *Tiempo de reverberación* de un *recinto*, [s]

T: *Tiempo de reverberación* en el *recinto* receptor, [s]

T_s: Tiempo de reverberación estructural de un elemento, [s]

$T_{s,lab}$:   Tiempo de reverberación estructural de un elemento medido en laboratorio, [s]

$T_{s,situ}$:   Tiempo de reverberación estructural de un elemento medido in situ, [s]

T_0:   *Tiempo de reverberación* de referencia; su valor es 0,5 s, [s]

V: Volumen del *recinto* receptor, $[m^3]$

W: Potencia acústica, [W]

W_0:   Potencia acústica de referencia, de valor 10^{-12} W, [W]

ANEJO C. NORMAS DE REFERENCIA

En este anejo se indica la relación de normas incluidas en el DB-HR, ordenadas como sigue: en primer lugar las UNE EN ISO, después las UNE EN y por último las UNE y, dentro de cada grupo, siguiendo un orden numérico.

UNE EN ISO 140-1: 1998	Acústica. Medición del aislamiento acústico en los edificios y de los elementos de construcción. Parte 1: Requisitos de las instalaciones del laboratorio sin transmisiones indirectas. (ISO 140-1: 1997)
UNE EN ISO 140-1: 1998/A1: 2005	Acústica. Medición del aislamiento acústico en los edificios y de los elementos de construcción. Parte 1: Requisitos de las instalaciones del laboratorio sin transmisiones indirectas. Modificación 1: Requisitos específicos aplicables al marco de la abertura de ensayo para particiones ligeras de doble capa (ISO 140-1: 1997/AM1: 2004)
UNE EN ISO 140-3: 1995	Acústica. Medición del aislamiento acústico en los edificios y de los elementos de construcción. Parte 3: Medición en laboratorio del aislamiento acústico al ruido aéreo de los elementos de construcción. (ISO 140-3: 1995)
UNE EN ISO 140-3: 2000 ERRATUM	Acústica. Medición del aislamiento acústico en los edificios y de los elementos de construcción. Parte 3: Medición en laboratorio del aislamiento acústico al ruido aéreo de los elementos de construcción. (ISO 140-3: 1995)
UNE EN ISO 140-3: 1995/A1: 2005	Acústica. Medición del aislamiento acústico en los edificios y de los elementos de construcción. Parte 3: Medición en laboratorio del aislamiento acústico al ruido aéreo de los elementos de construcción. Modificación 1: Condiciones especiales de montaje para particiones ligeras de doble capa. (ISO 140-3:1995/AM 1:2004)
UNE EN ISO 140-4: 1999	Acústica. Medición del aislamiento acústico en los edificios y de los elementos de construcción. Parte 4: Medición in situ del aislamiento al ruido aéreo entre locales. (ISO 140-4: 1998)
UNE EN ISO 140-5: 1999	Acústica. Medición del aislamiento acústico en los edificios y de los elementos de construcción. Parte 5: Medición in situ del aislamiento acústico al ruido aéreo de elementos de fachadas y de fachadas. (ISO 140-5: 1998)
UNE EN ISO 140-6: 1999	Acústica. Medición del aislamiento acústico en los edificios y de los elementos de construcción. Parte 6: Medición en laboratorio del aislamiento acústico de suelos al ruido de impactos. (ISO 140-6: 1998)
UNE EN ISO 140-7: 1999	Acústica. Medición del aislamiento acústico en los edificios y de los elementos de construcción. Parte 7: Medición in situ del aislamiento acústico de suelos al ruido de impactos (ISO 140-7: 1998)
UNE EN ISO 140-8: 1998	Acústica. Medición del aislamiento acústico en los edificios y de los elementos de construcción. Parte 8: Medición en laboratorio de la reducción del ruido de impactos transmitido a través de revestimientos de suelos sobre un forjado normalizado pesado (ISO 140-8: 1997)
UNE EN ISO 140-11: 2006	Acústica. Medición del aislamiento acústico en los edificios y de los elementos de construcción. Parte 11: Medición en laboratorio de la reducción del ruido de impactos transmitido a través de revestimientos de suelos sobre suelos ligeros de referencia (ISO 140-11: 2005)
UNE EN ISO 140–14: 2005	Acústica. Medición del aislamiento acústico en los edificios y de los elementos de construcción. Parte 14: Directrices para situaciones especiales in situ (ISO 140-14: 2004)

UNE EN ISO 140–16: 2007	Acústica. Medición de aislamiento acústico en los edificios y de los elementos de construcción. Parte 16: Medición en laboratorio de la mejora del índice de reducción acústica por un revestimiento complementario (ISO 140-16: 2006).
UNE EN ISO 354: 2004	Acústica. Medición de la absorción acústica en una cámara reverberante. (ISO 354: 2003)
UNE EN ISO 717-1: 1997	Acústica. Evaluación del aislamiento acústico en los edificios y de los elementos de construcción. Parte 1: Aislamiento a ruido aéreo (ISO 717-1: 1996)
UNE EN ISO 717-1: 1997/A1: 2007	Acústica. Evaluación del aislamiento acústico en los edificios y de los elementos de construcción. Parte 1: Aislamiento a ruido aéreo. Modificación 1: Normas de redondeo asociadas con los índices expresados por un único número y con las magnitudes expresadas por un único número. (ISO 717-1:1996/AM 1:2006)
UNE EN ISO 717-2: 1997	Acústica. Evaluación del aislamiento acústico en los edificios y de los elementos de construcción. Parte 2: Aislamiento a ruido de impactos (ISO 717-2: 1996)
UNE-EN ISO 717-2: 1997/A1: 2007	Acústica. Evaluación del aislamiento acústico en los edificios y de los elementos de construcción. Parte 2: Aislamiento a ruido de impactos. Modificación 1 (ISO 717-2:1996/AM 1:2006)
UNE ISO 1996-1: 2005	Acústica. Descripción, medición y evaluación del ruido ambiental. Parte 1: Magnitudes básicas y métodos de evaluación. (ISO 1996-1:2003)
UNE EN ISO 3382-2:2008	Acústica. Medición de parámetros acústicos en recintos. Parte 2: Tiempo de reverberación en recintos ordinarios (ISO 3382-2:2008).
UNE EN ISO 3741:2000	Acústica. Determinación de los niveles de potencia acústica de las fuentes de ruido a partir de la presión acústica. Métodos de precisión en cámaras reverberantes. (ISO 3741: 1999)
UNE EN ISO 3741/AC: 2002	Acústica. Determinación de los niveles de potencia acústica de las fuentes de ruido a partir de la presión acústica. Métodos de precisión en cámaras reverberantes. (ISO 3741:1999)
UNE EN ISO 3743-1:1996	Acústica. Determinación de los niveles de potencia acústica de fuentes de ruido. Métodos de ingeniería para fuentes pequeñas móviles en campos reverberantes. Parte 1: Método de comparación en cámaras de ensayo de paredes duras. (ISO 3743-1: 1994)
UNE EN ISO 3743-2:1997	Acústica. Determinación de los niveles de potencia acústica de fuentes de ruido utilizando presión acústica. Métodos de ingeniería para fuentes pequeñas móviles en campos reverberantes. Parte 2: Métodos para cámaras de ensayo reverberantes especiales. (ISO 3743-2: 1994)
UNE EN ISO 3746:1996	Acústica. Determinación de los niveles de potencia acústica de fuentes de ruido a partir de la presión sonora. Método de control en una superficie de medida envolvente sobre un plano reflectante. (ISO 3746: 1995)
UNE EN ISO 3747: 2001	Acústica. Determinación de los niveles de potencia acústica de fuentes de ruido a partir de la presión acústica. Método de comparación in situ. (ISO 3747: 2000)
UNE EN ISO 3822-1: 2000	Acústica. Medición en laboratorio del ruido emitido por la grifería y los equipamientos hidráulicos utilizados en las instalaciones de abastecimiento de agua. Parte 1: Método de medida (ISO 3822-1: 1999)
UNE EN ISO 3822-2: 1996	Acústica. Medición en laboratorio del ruido emitido por la grifería y los equipamientos hidráulicos utilizados en las instalaciones de abastecimiento de agua. Parte 2: Condiciones de montaje y de funcionamiento de las instalaciones de abastecimiento de agua y de la grifería (ISO 3822-1: 1995)

UNE EN ISO 3822-2: 2000 ERRATUM	Acústica. Medición en laboratorio del ruido emitido por la grifería y los equipamientos hidráulicos utilizados en las instalaciones de abastecimiento de agua. Parte 2: Condiciones de montaje y de funcionamiento de las instalaciones de abastecimiento de agua y de la grifería (ISO 3822-2: 1995)
UNE EN ISO 3822-3: 1997	Acústica. Medición en laboratorio del ruido emitido por la grifería y los equipamientos hidráulicos utilizados en las instalaciones de abastecimiento de agua. Parte 3: Condiciones de montaje y de funcionamiento de las griferías y de los equipamientos hidráulicos en línea (ISO 3822-3: 1997)
UNE EN ISO 3822-4: 1997	Acústica. Medición en laboratorio del ruido emitido por la grifería y los equipamientos hidráulicos utilizados en las instalaciones de abastecimiento de agua. Parte 4: Condiciones de montaje y de funcionamiento de los equipamientos especiales (ISO 3822-4: 1997)
UNE EN ISO 10846-1: 1999	Acústica y vibraciones. Medida en laboratorio de las propiedades de transferencia vibroacústica de elementos elásticos. Parte 1: Principios y líneas directrices. (ISO 10846-1: 1997)
UNE EN ISO 10846-2: 1999	Acústica y vibraciones. Medida en laboratorio de las propiedades de transferencia vibroacústica de elementos elásticos. Parte 2: Rigidez dinámica de soportes elásticos para movimiento de translación. Método directo. (ISO 10846-2: 1997)
UNE EN ISO 10846-3: 2003	Acústica y vibraciones. Mediciones en laboratorio de las propiedades de transferencia vibro-acústica de elementos elásticos. Parte 3: Método indirecto para la determinación de la rigidez dinámica de soportes elásticos en movimientos de traslación. (ISO 10846-3:2002)
UNE EN ISO 10846-4: 2004	Acústica y vibraciones. Mediciones en laboratorio de las propiedades de transferencia vibro-acústica de elementos elásticos. Parte 4: Rigidez dinámica en traslación de elementos diferentes a soportes elásticos. (ISO 10846-4: 2003)
UNE-EN ISO 10848-1: 2007	Acústica. Medida en laboratorio de la transmisión por flancos del ruido aéreo y del ruido de impacto entre recintos adyacentes. Parte 1: Documento marco (ISO 10848-1:2006)
UNE EN ISO 10848-2: 2007	Acústica. Medida en laboratorio de la transmisión por flancos del ruido aéreo y del ruido de impacto entre recintos adyacentes. Parte 2: Aplicación a elementos ligeros cuando la unión tiene una influencia pequeña. (ISO 10848-2:2006)
UNE-EN ISO 10848-3: 2007	Acústica. Medida en laboratorio de la transmisión por flancos del ruido aéreo y del ruido de impacto entre recintos adyacentes. Parte 3: Aplicación aelementos ligeros cuando la unión tiene una influencia importante. (ISO 10848-3:2006)
UEN EN ISO 11654:1998	Acústica. Absorbentes acústicos para su utilización en edificios. Evaluación de la absorción acústica. (ISO 11654:1997)
UNE EN ISO 11691:1996	Acústica. Medida de la pérdida de inserción de silenciadores en conducto sin flujo. Método de medida en laboratorio. (ISO 11691:1995)
UNE EN ISO 11820:1997	Acústica. Mediciones in situ de silenciadores. (ISO 11820:1996)
UNE EN 200: 2008	Grifería sanitaria. Grifos simples y mezcladores para sistemas de suministro de agua de tipo 1 y tipo 2. Especificaciones técnicas generales.
UNE EN 1026: 2000	Ventanas y puertas. Permeabilidad al aire. Método de ensayo. (EN 1026: 2000)
UNE EN 12207: 2000	Puertas y ventanas. Permeabilidad al aire. Clasificación. (EN 12207: 1999)

UNE EN 12354-1: 2000	Acústica de la edificación. Estimación de las características acústicas de las edificaciones a partir de las características de sus elementos. Parte 1: Aislamiento acústico del ruido aéreo entre recintos. (EN 12354-1:2000)
UNE EN 12354-2: 2001	Acústica de la edificación. Estimación de las características acústicas de las edificaciones a partir de las características de sus elementos. Parte 2: Aislamiento acústico a ruido de impactos entre recintos. (EN 12354-2:2000)
UNE EN 12354-3: 2001	Acústica de la edificación. Estimación de las características acústicas de las edificaciones a partir de las características de sus elementos. Parte 3: Aislamiento acústico a ruido aéreo contra el ruido del exterior. (EN 12354-3:2000)
UNE EN 12354-4: 2001	Acústica de la edificación. Estimación de las características acústicas de las edificaciones a partir de las características de sus elementos. Parte 4: Transmisión del ruido interior al exterior. (EN 12354-4:2000)
UNE EN 12354-6: 2004	Acústica de la edificación. Estimación de las características acústicas de las edificaciones a partir de las características de sus elementos. Parte 6: Absorción sonora en espacios cerrados. (EN 12354-6:2003)
UNE EN 20140-2: 1994	Acústica. Medición del aislamiento acústico en los edificios y en elementos de edificación. Parte 2: Determinación, verificación y aplicación de datos de precisión. (ISO 140-2: 1991)
UNE EN 20140-10: 1994	Acústica. Medición del aislamiento acústico en los edificios y de los elementos de construcción. Parte 10: Medición en laboratorio del aislamiento al ruido aéreo de los elementos de construcción pequeños. (ISO 140-10: 1991). (Versión oficial EN 20140-10:1992)
UNE EN 29052-1: 1994	Acústica. Determinación de la rigidez dinámica. Parte 1: Materiales utilizados en *suelos flotantes* en viviendas. (ISO 9052-1:1989). (Versión oficial 29052-1: 1992)
UNE EN 29053: 1994	Acústica. Materiales para aplicaciones acústicas. Determinación de la resistencia al flujo de aire. (ISO 9053: 1991)
UNE 100153: 2004 IN	Climatización: Soportes antivibratorios. Criterios de selección
UNE 102040: 2000 IN	Montajes de los sistemas de tabiquería de placas de yeso laminado con estructura metálica. Definiciones, aplicaciones y recomendaciones
UNE 102041: 2004 IN	Montajes de los sistemas de trasdosados con placas de yeso laminado. Definiciones, aplicaciones y recomendaciones

Anejo D. Cálculo del índice de reducción de vibraciones en uniones de elementos constructivos

1   Pueden obtenerse los índices de reducción de vibraciones, Kij, en uniones de elementos constructivos para los distintos tipos de uniones; a partir de las expresiones que se indican a continuación. Estas expresiones están dadas en función de la magnitud M, definida como:

$$M = \lg \frac{m'_{\perp i}}{m'_i} \qquad (D.1)$$

siendo

m'_i masa por unidad de superficie del elemento i en el camino de transmisión ij, [kg/m^2];

$m'_{\perp i}$ imasa por unidad de superficie del otro elemento, perpendicular al i, que forma la unión, [kg/m^2].

2   Para el cálculo de M, debe tomarse únicamente la masa correspondiente al elemento base o forjado conectado a los elementos constructivos colindantes y deben excluirse las masas de las capas de *revestimiento*, tales como *suelos flotantes*, *trasdosados* y techos suspendidos.

3   En general, la transmisión es poco dependiente de la frecuencia en el intervalo de frecuencias comprendido entre 125 Hz y 2000 Hz. En los casos en los que se indica la calificación 0 dB/*octava* a continuación de la fórmula, puede considerarse que la transmisión es independiente de la frecuencia.

Unión rígida en + de *elementos constructivos homogéneos*:

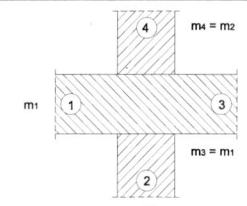

$$K_{13} = 8{,}7 + 17{,}1M + 5{,}7 \cdot M^2 \quad dB; \qquad 0\ dB/octava \qquad (D.2)$$

$$K_{12} = 8{,}7 + 5{,}7 \cdot M^2 \ (=K_{23}) \quad dB; \qquad 0\ dB/octava \qquad (D.3)$$

Unión rígida en T de *elementos constructivos homogéneos*:

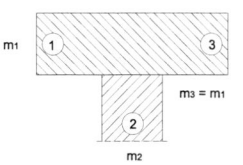

$$K_{13} = 5{,}7 + 14{,}1M + 5{,}7 \cdot M^2 \quad dB; \qquad 0\ dB/octava \qquad (D.4)$$

$$K_{12} = 5{,}7 + 5{,}7 \cdot M^2 \ (=K_{23}) \quad dB; \qquad 0\ dB/octava \qquad (D.5)$$

Uniones en + y en T de *elementos constructivos homogéneos* con elementos flexibles interpuestos

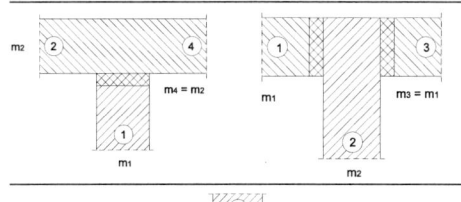

$$K_{13} = 5{,}7 + 14{,}1M + 5{,}7 \cdot M^2 + 2 \cdot \Delta_1 \quad dB; \qquad (D.6)$$

$$K_{24} = 3{,}7 + 14{,}1M + 5{,}7 \cdot M^2 \quad dB; \qquad -4\ dB \le K_{24} \le 0\ dB; \qquad (D.7)$$

$$K_{12} = 5{,}7 + 5{,}7 \cdot M^2 + \Delta_1 \ (=K_{23}) \quad dB; \qquad (D.8)$$

Siendo:
$$\Delta_1 = 10 \cdot \lg(f/f_1) \quad dB \quad para\ f > f_1 \qquad (D.9)$$

$$f_1 = 125\ Hz\ si\ (E_1/e_1) \approx 100\ M\ N/m^3 \qquad (D.10)$$

E_1 módulo de Young, en N/m^2,

e_1 espesor del elemento flexible interpuesto, [m].

Uniones de *elementos constructivos homogéneos y fachadas ligeras*

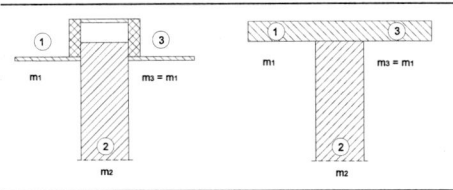

$$K_{13} = 5 + 10\,M \quad \text{dB; mínimo 5 dB;} \qquad 0\,\text{dB/octava} \tag{D.11}$$

$$K_{12} = 10 + 10\,|M| \quad (=K_{23})\ \text{dB;} \qquad 0\,\text{dB/octava} \tag{D.12}$$

$$a_{\text{fachada,situ}} = S_{\text{fachada}} / l_0 , \quad \text{con } l_0 = 1 \text{ metro} \tag{D.13}$$

Unión de *elementos de entramado autoportante y elementos constructivos homogéneos*

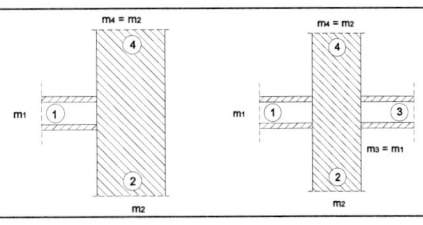

$$K_{13} = 10 + 20\,M - 3,3 \cdot \lg(f / f_k) \quad \text{dB; mínimo 10 dB} \tag{D.14}$$

$$K_{24} = 3,0 + 14,1M + 5,7\,M^2 \quad \text{dB;} \ (m_2 / m_1) > 3;\ 0\,\text{dB/octava} \tag{D.15}$$

$$K_{12} = 10 + 10\,|M| + 3,3 \cdot \lg(f / f_k) \quad \text{dB;} \ (=K_{23}) \tag{D.16}$$

$$f_k = 500\,\text{Hz;} \ a_{\text{ligero,situ}} = S_{\text{ligero}} / l_0 , \quad \text{con } l_0 = 1 \text{metro} \tag{D.17}$$

Uniones de *elementos de entramado autoportante*

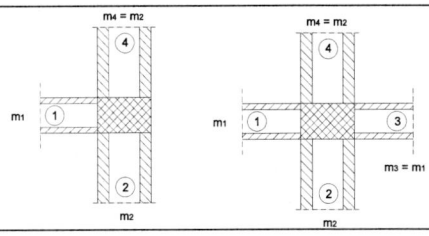

$$K_{13} = 10 + 20\,M - 3,3 \cdot \lg(f / f_k) \quad \text{dB; mínimo 10 dB} \tag{D.18}$$

$$K_{12} = 10 + 10\,|M| - 3,3 \cdot \lg(f / f_k) \quad \text{dB;} \ (=K_{23}) \tag{D.19}$$

$$f_k = 500\,\text{Hz;} \ a_{\text{situ}} = S / l_0 , \quad \text{con } l_0 = 1 \text{ metro} \tag{D.20}$$

Esquinas

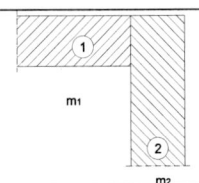

$$K_{12} = 15\,|M| - 3 \quad \text{dB;} \ (=K_{21}); \text{mínimo - 2 dB;} \qquad 0\,\text{dB/octava} \tag{D.21}$$

Cambio de espesor

$$K_{12} = 5M^2 - 5\,\text{dB} \quad (=K_{21}); \qquad 0\,\text{dB/octava} \tag{D.22}$$

Anejo E. Medida y valoración de la mejora del índice de reducción acústica, ΔR, y de la reducción del nivel de presión de ruido de impactos, ΔL, de *revestimientos*

E.1 Mejora del índice de reducción acústica, ΔR_A, de revestimientos

Para obtener en laboratorio los valores ΔR_A de *revestimientos*, deben cumplirse las condiciones siguientes:

a)   la relación entre las masas por unidad de superficie del elemento constructivo base portador vertical y del *revestimiento* debe ser igual o mayor que 4;

b)   la relación entre las masas por unidad de superficie del forjado y del *suelo flotante* debe ser igual o mayor que 3.

E.1.1 Medida en laboratorio

1   El valor de la mejora del índice de reducción acústica, ΔR, se obtendrá, en función de la frecuencia, para las bandas de tercio de octava del intervalo 100-5000 Hz, mediante la diferencia entre los valores del índice de reducción acústica del elemento constructivo base con el *revestimiento* (o con el *suelo flotante*), R_{con}, y sin él, R_{sin} medidos en laboratorio conforme a la norma UNE EN ISO 140-3, mediante la expresión:

$$\Delta R = R_{con} - R_{sin} \quad [dB] \tag{E.1}$$

siendo

R_{con} índice de reducción acústica, para cada banda de tercio de octava, del elemento constructivo base con el *revestimiento*, [dB];

R_{sin} índice de reducción acústica, para cada banda de tercio de octava, del elemento constructivo base solo, [dB];

2   El elemento base no debe alterar su índice de reducción acústica durante las dos mediciones. El elemento base debe estar en condiciones finales de curado y secado o bien las dos mediciones se deben llevar a cabo dentro de un intervalo de tiempo suficientemente corto. En la norma UNE 14016, se describen más detalles de cómo conseguir estas condiciones.

3   Para el caso de elementos de separación verticales pueden utilizarse dos elementos constructivos base:

a)   un *elemento constructivo homogéneo* de masa por unidad de superficie 350 ± 50 kg/m^2, cuya frecuencia de coincidencia se sitúe en la banda de octava centrada en 125 Hz, por lo cual se denomina pared base con frecuencia de coincidencia baja; si las piezas son huecas su densidad no debe ser menor que 1600 kg/m^3, y sus resonancias de espesor deben ser iguales o mayores que 3150 Hz;

b)   un *elemento constructivo homogéneo*, de masa por unidad de superficie aproximadamente 70 kg/m^2, cuya densidad sea 600 ± 50 kg/m^3, con un enlucido de yeso en el lado donde va el *revestimiento* y una frecuencia de coincidencia dentro de la banda de octava de 500 Hz, por lo cual se denomina pared base con frecuencia de coincidencia media;

4   Para el caso de elementos de separación horizontales se usará como elemento base una losa de hormigón armado de acuerdo con la norma UNE EN-ISO 140-8.

5   Independientemente de lo especificado en los puntos anteriores podrá realizarse el ensayo utilizando como elemento base, tanto para el elemento de separación vertical como para el horizontal, aquél sobre el que se colocará un *revestimiento* o *suelo flotante* in situ.

E.1.2 Valoración

1 Para obtener el valor global de la mejora del índice de reducción acústica, ΔR_A, de *revestimiento* de paredes debe utilizarse la curva de referencia $R_{0,l}$ de la tabla E.1 o $R_{0,m}$ de la tabla E.2, según que se haya realizado la medición con la pared base de frecuencia crítica baja o de frecuencia crítica media respectivamente.

Tabla E.1 Valores del índice de reducción acústica $R_{0,l}$ de la curva de referencia para mediciones con la pared base de referencia con frecuencia crítica baja, en las bandas de tercio de octava del intervalo 1005000 Hz.

f Hz	$R_{0,l}$ dB	f Hz	$R_{0,l}$ dB
100	40	800	53,6
125	40	1000	56
160	40	1250	58,4
200	40	1600	61,1
250	41	2000	63,6
315	43,5	2500	65
400	46,1	3150	65
500	48,5	4000	65
630	51	5000	65
		$R_{0,l,A} =$	52,7 [dBA]

Tabla E.2 Valores del índice de reducción acústica $R_{0,m}$ de la curva de referencia para mediciones con la pared base de referencia con frecuencia crítica media, en las bandas de tercio de octava del intervalo 1005000 Hz.

f Hz	$R_{0,m}$ dB	f Hz	$R_{0,m}$ dB
100	27,0	800	30,5
125	27,0	1000	32,8
160	27,0	1250	35,1
200	27,0	1600	37,6
250	27,0	2000	40,0
315	27,0	2500	42,3
400	27,0	3150	44,6
500	27,0	4000	47,1
630	28,0	5000	49,4
		$R_{0,m,A} =$	33,4 [dBA]

2 Para obtener el valor global de un *revestimiento* de forjados, tales como *suelos flotantes*, techos suspendidos etc., se procederá de manera análoga pero usando la curva de referencia de la tabla E.3.

Tabla E.3 Valores del índice de reducción acústica R_0 de la curva de referencia para mediciones con el forjado pesado de referencia con frecuencia crítica baja, en las bandas de tercio de octava del intervalo 100-5000 Hz.

f Hz	R_0 dB	f Hz	$R_{0,l}$ dB
100	40	800	51,9
125	40	1000	54,4
160	40	1250	56,8
200	40	1600	59,5
250	40	2000	61,9
315	41,8	2500	64,3
400	44,4	3150	65
500	46,8	4000	65
630	49,3	5000	65
		$R_{0,l,A} =$	51,5 [dBA]

3 El valor de ΔR_A se obtiene mediante la diferencia entre los valores del índice de reducción acústica global, ponderado A (véase ecuación A.15), correspondientes a las curvas virtuales $R_0 + \Delta R$ y R_0:

$$\Delta R_A = (R_0 \, \Delta + R)_A - R_{0,A} \quad \text{[dBA]} \tag{E.2}$$

siendo

$(R_0 + \Delta R)_A$ índice global de reducción acústica, ponderado A, del elemento constructivo base con el *revestimiento*, [dBA];

$R_{0,A}$ índice global de reducción acústica, ponderado A, del elemento constructivo base solo, [dBA];

4   En el caso de que el ensayo se realizara sobre un elemento base diferente del elemento base con frecuencia de coincidencia baja, ni el elemento base con frecuencia de coincidencia media, la valoración global se efectuará según la expresión E.2, tomando como $R_{0,A}$ el índice de reducción acústica, ponderado A, del elemento constructivo base utilizado.

5   Cada curva de referencia lleva a un valor distinto del índice global de mejora:

    a)   índice global de la mejora del índice de reducción acústica, para la curva de referencia con frecuencia crítica baja, $\Delta R_{A,l}$;

    b)   índice global de la mejora del índice de reducción acústica, para la curva de referencia con frecuencia crítica media, $\Delta R_{A,m}$;

6   Los valores ΔR_A anteriores pueden aproximarse mediante los valores correspondientes $\Delta(R_w+C)$, para ambas curvas de referencia. Análogamente para el ruido de tráfico, cuando proceda, se tiene $\Delta(R_w + C_{tr})$. En ambos casos si la diferencia con los valores globales ΔR_A es de 1dB o mayor no se considerarán los resultados obtenidos que implican el uso de C o C_{tr}.

E.2 Reducción del nivel de presión de ruido de impactos, ΔL, de *suelos flotantes*

Para obtener en laboratorio los valores de ΔL_w de *suelos flotantes*, la relación entre las masas por unidad de superficie del forjado y del *suelo flotante* debe ser igual o mayor que 2.

E.2.1 MEDIDA EN LABORATORIO

1   El valor de la reducción del nivel de presión de ruido de impactos, $\Delta L(f)$, se obtendrá, en función de la frecuencia, para las bandas de tercio de octava del intervalo 100-3150 Hz, mediante la diferencia entre los valores del nivel de presión de ruido de impactos del forjado normalizado sin y con el *suelo flotante*, medidos en laboratorio conforme a la norma UNE EN ISO 140-8, usando la ecuación:

$$\Delta L(f) = L_{n,r}(f) - L_{r,n+}(f) \quad \text{[dB]} \tag{E.3}$$

siendo

$L_{n,r}(f)$ nivel de presión de ruido de impactos, para cada banda de tercio de octava, del forjado normalizado, [dB];

$L_{n,r+}(f)$ nivel de presión de ruido de impactos, para cada banda de tercio de octava, del forjado normalizado con el *suelo flotante*, [dB].

2   Debe utilizarse como forjado normalizado, en una instalación o laboratorio de medida, una losa homogénea de hormigón armado de $\left(120^{+40}_{-20}\right)$ mm de espesor uniforme.

E.2.2 VALORACIÓN GLOBAL

1   El valor de la reducción de nivel global de presión de ruido de impactos, ΔL_w, de un *suelo flotante* se obtendrá según se define en el Anejo A, usando los resultados experimentales medidos conforme a las normas UNE EN ISO 140-6 y UNE EN ISO 140-8, y valorándolos globalmente conforme a la norma UNE EN ISO 717-2.

2   El valor de ΔL_w de un *suelo flotante* se obtiene mediante la expresión siguiente:

$$\Delta L_w = L_{w,0,r,n} - L_{n,r,0+,w} = 78dB - L_{n,r,0+,w} \quad \text{[dB]} \tag{E.4}$$

siendo

$L_{n,r,0,w}$ Nivel global de presión de ruido de impactos del forjado normalizado de referencia, de valor 78 dB;

$L_{n,r,0+,w}$ Nivel global de presión de ruido de impactos del forjado normalizado de referencia incrementado con los valores de la reducción del nivel de ruido de impactos del *suelo flotante*,

$$(L_{n,r,0+}(f) = L_{n,r,0}(f) + \Delta L(f)), \qquad [dB].$$

Tabla E.4 Valores del nivel de presión de ruido de impactos, $L_{n,r,0}(f)$, del forjado normalizado de referencia para cada una de las bandas de tercio de octava del intervalo 100-3150 Hz.

f Hz	$L_{n,r,0}(f)$ dB	f Hz	$L_{n,r,0}(f)$ dB
100	67	800	71,5
125	67,5	1000	72
160	68	1250	72
200	68,5	1600	72
250	69	2000	72
315	69,5	2500	72
400	70	3150	72
500	70,5		
630	71		
		$L_{n,r,0,w}$ =	78,0 [dB]

Anejo F. Estimación numérica de la diferencia de niveles debido a la forma de la *fachada*

Tabla F.1 Diferencia de niveles debida a la forma de la *fachada* para las diferentes formas de la *fachada* y distintas orientaciones de la fuente acústica

ΔL_{fs} en dB	1 plano de *fachada*	2 galería			3 galería			4 galería			5 galería		
Absorción acústica del techo (α_w)	No se aplica	≤0,3	0,6	≥0,9	≤0,3	0,6	≥0,9	≤0,3	0,6	≥0,9	≤0,3	0,6	≥0,9
Línea de mira sobre la *fachada*: <1,5 m	0	-1	-1	0	-1	-1	0	0	0	1	No se aplica		
1,5-2,5 m	0	No se aplica			-1	0	2	0	1	3	No se aplica		
> 2,5 m	0	No se aplica			1	1	2	2	2	3	3	4	6

ΔL_{fs} dB	6 balconada			7 balconada			8 balconada			9 terraza Barandilla abierta			Barandilla cerrada		
Absorción acústica del techo (α_w)	≤0,3	0,6	≥0,9	≤0,3	0,6	≥0,9	≤0,3	0,6	≥0,9	≤0,3	0,6	≥0,9	≤0,3	0,6	≥0,9
Línea de mira sobre la *fachada*: <1,5 m	-1	-1	0	0	0	1	1	1	2	1	1	1	3	3	3
1,5-2,5 m	-1	1	3	0	2	4	1	1	2	3	4	5	5	6	7
> 2,5 m	1	2	3	2	3	4	1	1	2	4	4	5	6	6	7

(G.3)

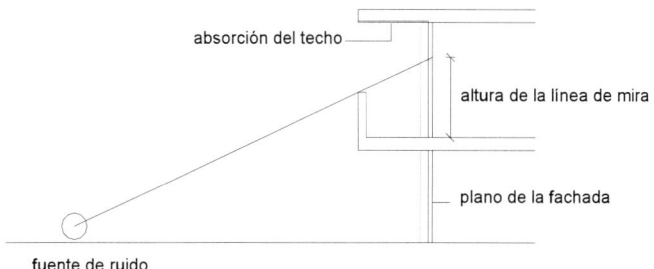

absorción del techo

altura de la línea de mira

plano de la fachada

fuente de ruido

Figura F.1 Línea de mira sobre la *fachada*

ANEJO G. CÁLCULO DEL AISLAMIENTO ACÚSTICO DE *ELEMENTOS CONSTRUCTIVOS MIXTOS*

1   El índice global de reducción acústica de *elementos constructivos mixtos* (aislamiento mixto) se calcula mediante:

$$R_{m,A} = -10 \cdot \lg \left(\sum_{j=1}^{n} \frac{S_i}{S} \cdot 10^{\frac{-R_{i,A}}{10}} \right) \quad [dBA] \tag{G.1}$$

siendo

$R_{m,A}$ índice global de reducción acústica, ponderado A, del *elemento constructivo mixto*, [dBA];

$R_{i,A}$ índice global de reducción acústica, ponderado A, del elemento i, [dBA];

S área total del *elemento constructivo mixto*, [m^2];

S_i área del elemento i, [m^2];

2   La situación más corriente combina dos elementos de aislamiento acústico diferentes, cuya expresión es:

$$R_{m,A} = R_{2,A} - 10 \cdot \lg \left[(1 - \frac{S_2}{S}) 10^{-(R_{1,A} - R_{2,A})/10} + \frac{S_2}{S} \right] \quad [dBA] \tag{G.2}$$

siendo

$R_{m,A}$ índice global de reducción acústica, ponderado A, del *elemento constructivo mixto*, [dBA];

$R_{1,A}$ índice global de reducción acústica, ponderado A, del elemento de mayor aislamiento acústico, generalmente la parte ciega de la *fachada* o de la *cubierta*, [dBA];

$R_{2,A}$ índice global de reducción acústica, ponderado A, del elemento de menor aislamiento, generalmente los huecos, puertas, ventanas y lucernarios, [dBA];

S_2 área del elemento de menor aislamiento, [m^2];

S área total del *elemento constructivo mixto*, [m^2].

El sumando logarítmico representa, por tanto, el cambio de índice global de reducción acústica respecto a R2,A que ocasiona la presencia del elemento de área S1 e índice global de reducción acústica R1,A.

La forma más práctica de esta expresión, en las aplicaciones, consiste en suponer $R_{2,A} < R_{1,A}$, es decir, expresar el índice global de reducción acústica del *elemento constructivo mixto* en términos del elemento de menor aislamiento.

3   La siguiente gráfica expresa el incremento de aislamiento sobre R2,A en función de la relación de áreas S/S2 y la diferencia $R_{1,A}$-$R_{2,A}$. El valor obtenido en la gráfica se sumará al valor $R_{2,A}$ para obtener $R_{m,A}$.

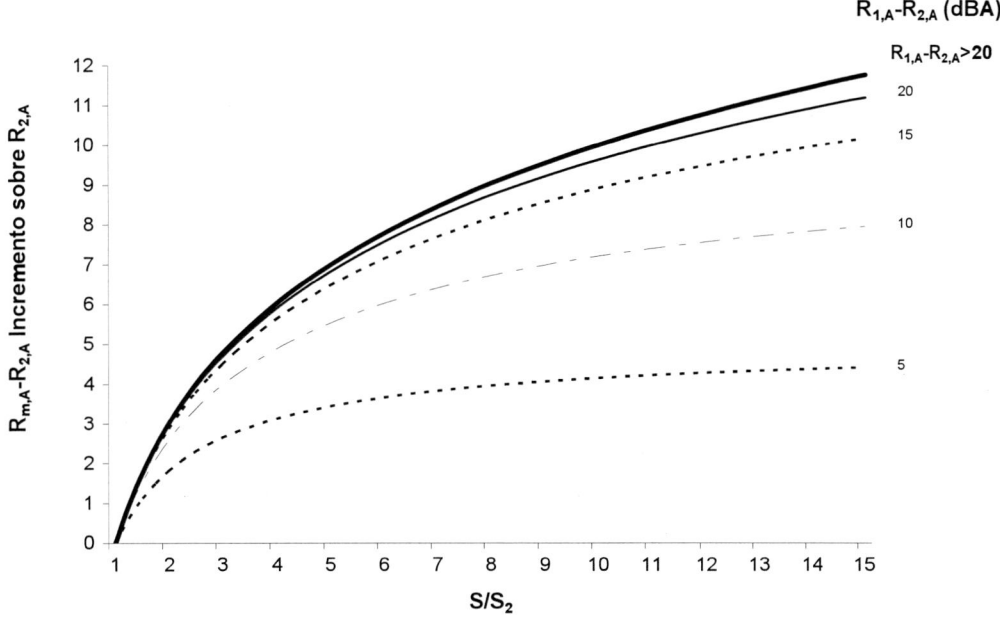

$R_{1,A}-R_{2,A}$ (dBA)

$R_{1,A}-R_{2,A} > 20$

20

15

10

5

Figura G.1 Índice global de reducción acústica de *elementos constructivos mixtos*

4   En la práctica, R1,A-R2,A>20. En estos casos en los que R1,A>>R2,A, puede usarse:

$$R_{m,A} = R_{2,A} + 10 \cdot \lg\left(\frac{S}{S_2}\right) \quad [dBA] \tag{G.3}$$

ANEJO H. GUÍA DE USO DE LAS MAGNITUDES DE AISLAMIENTO EN RELACIÓN CON LAS EXIGENCIAS

H.1 *Aislamiento acústico a ruido aéreo*

En la tabla H.1 se incluyen las magnitudes implicadas en las exigencias de aislamiento frente al ruido aéreo con indicación de los procedimientos y normas de medición y valoración global, para las distintas situaciones tipo de aislamiento en función del ruido incidente implicado.

Tabla H.1

Situación tipo de aislamiento	Ruido incidente o dominante exterior	Magnitud, ecuación y Norma de medición		Magnitud de valoración global	Ecuación a aplicar
Entre *recintos* interiores	Rosa	$D_{nT}(f)$ (A.4)	UNE EN ISO 140-4	$D_{nT,A}$	(A.7)
Entre *recintos* y el exterior	Ferroviario	$D_{2m,nT}(f)$ (A.2)	UNE EN ISO 140-5 (ruido de altavoces)	$D_{2m,nT,A}$	(A.5)
	Automóviles Aeronaves			$D_{2m,nT,Atr}$	(A.6)

H.1.1 COEFICIENTES DE ADAPTACIÓN ESPECTRAL

1   La UNE EN ISO 717-1 introduce los términos de adaptación espectral C y C_{tr} para los ruidos incidente y exterior de automóviles respectivamente.

2   Aunque las exigencias de aislamiento se establecen en términos de la ponderación A pueden aceptarse las aproximaciones siguientes, siempre que las diferencias sean menores que 1 dB:

$D_{nT,w}$ + C   como aproximación de $D_{A,nT}$ entre *recintos* interiores   (H.1)

$D_{2w,nT,w}$ + C   como aproximación de $D_{2m,nT,A}$ entre un *recinto* y el exterior (trenes)   (H.2)

$D_{2m,nTw}$ + C_{tr} como aproximación de $D_{2m,nT,Atr}$ entre un *recinto* y el exterior (automóviles)   (H.3)

3   Las ponderaciones globales del aislamiento según el método de la curva de referencia, designadas con el subíndice w, así como los términos de adaptación espectral, deben hacerse conforme a la UNE EN ISO 717-1.

H.2 *Aislamiento acústico a ruido de impactos*

1   La tabla H.2 esquematiza las magnitudes y normas para la medición y valoración global del nivel de ruido de impactos estandarizado.

Tabla H.2

Medición		Valoración	
Magnitud	**Norma**	**Magnitud**	**Norma**
$L'_{nT}(f)$	UNE EN ISO 140-7	$L'_{nT,w}$	UNE EN ISO 717-2

2   El valor del nivel global de presión de ruido de impactos estandarizado, $L'_{nT,w}$, se determinará mediante el procedimiento que se indica en la UNE EN ISO 717-2, a partir de los resultados de medición realizados en bandas de tercio de octava ajustándola a la curva de referencia de acuerdo a la UNE EN ISO 140-7.

Anejo I. Opción simplificada para vivienda unifamiliar adosada

I.1 Elementos de separación

I.1.1 Condiciones mínimas de la tabiquería

Si la estructura de cada una de las viviendas unifamiliares es independiente de las demás, el índice global de reducción acústica, ponderado A, RA, de la tabiquería de una vivienda unifamiliar adosada no será menor que 33 dBA.

Si la estructura de cada una de las viviendas unifamiliares no es independiente de las demás, la tabiquería debe cumplir lo establecido en el apartado 3.1.2.3.3.

I.1.2 Condiciones mínimas de los elementos de separación verticales

1   En el caso de la estructura de cada una de las viviendas fuera independiente de las demás, el elemento de separación vertical de las viviendas debe estar formado por dos hojas, cada una de ellas con un índice global de reducción acústica, ponderado A, R_A, de, al menos, 45 dBA.

2   En el caso de que las viviendas compartan la estructura horizontal, el elemento de separación vertical de las mismas debe cumplir lo establecido en el apartado 3.1.2.3.4.

3   Debe procurarse que los equipos de instalaciones generadores de ruido y vibraciones no sean colindantes con *recintos protegidos* de otras viviendas. En el caso de que varias viviendas compartan equipos dispuestos en un *recinto de instalaciones* colindante con alguna de ellas, los elementos de separación verticales que delimitan dicho *recinto* deben cumplir los valores que figuran entre paréntesis en la tabla 3.2 del apartado 3.1.2.3.4.

I.1.3 Condiciones mínimas de los elementos de separación horizontales

1   Si las viviendas comparten la estructura horizontal, los forjados deben disponer de un *suelo flotante* que cumpla lo establecido en la tabla I.1.

Tabla J.1 Parámetros de los componentes de los elementos de separación horizontales, cuando las viviendas comparten la estructura horizontal

Forjado[1] (F)		Suelo flotante[2][3] (Sf) en función del elemento de separación vertical					
		Elemento de separación vertical de tipo 1		Elemento de separación vertical de tipo 2		Elemento de separación vertical de tipo 3	
m kg/m^2	R_A dBA	ΔL_w dB	ΔR_A dBA	ΔL_w dB	ΔR_A dBA	ΔL_w dB	ΔR_A dBA
175	44	14	10	22	10	23	10
200	45	13	10	20	10	21	10
225	47	13	10	19	10	20	10
250[4]	49	8	10	13	10	14	10
300[4]	52	9	0	11	0	12	0

[1]   Los forjados deben cumplir simultáneamente los valores de masa por unidad de superficie, m y de índice global de reducción acústica, ponderado A, R_A.

[2]   Los *suelos flotantes* deben cumplir simultáneamente los valores de reducción del nivel global de presión de ruido de impactos, ΔL_w, y de mejora del índice global de reducción acústica, ponderado A, ΔR_A.

[3]   Los valores de mejora del aislamiento a ruido aéreo, ΔR_A, y de reducción de ruido de impactos, ΔL_w, corresponden a un único *suelo flotante*; la adición de mejoras sucesivas, una sobre otra, en un mismo lado no garantiza la obtención de los valores de aislamiento.

[4]   En el caso de forjados con piezas de entrevigado de poliestireno expandido (EPS), este valor de ΔL_w debe incrementarse en 4 dB.

2   En el caso de que varias viviendas compartan equipos dispuestos en un *recinto de instalaciones* colindante verticalmente a alguna de ellas, los elementos de separación horizontales que separan ambos *recintos* deben cumplir los valores que figuran entre paréntesis en la tabla 3.3 del apartado 3.1.2.3.5.

3   Estas condiciones no son aplicables en el caso de viviendas que no compartan la estructura horizontal.

I.2 *Fachadas, cubiertas* y suelos en contacto con el aire exterior

Las *fachadas, cubiertas* y suelos en contacto con el aire exterior, deben cumplir lo establecido en el apartado 3.1.2.5.

ANEJO J. RECOMENDACIONES DE DISEÑO ACÚSTICO PARA AULAS Y SALAS DE CONFERENCIAS

1   En el caso de aulas y salas de conferencias de volumen hasta 350 m³, las siguientes recomendaciones sobre la geometría de los *recintos* y la distribución de los materiales absorbentes tienen por objeto mejorar la inteligibilidad de la palabra.

2   Deben evitarse los *recintos* cúbicos o con proporciones entre lados que sean números enteros.

3   En cuanto a la distribución de los materiales absorbentes, se recomienda una de las dos opciones de diseño siguientes (Véase figura J.1):

     a)   opción 1. Se dispondrá un material absorbente acústico en toda la superficie del techo, la pared frontal será reflectante y la pared trasera será absorbente acústica para minimizar los ecos tardíos;

     b)   opción 2. Se dispondrá un material absorbente acústico en el techo, pero sólo se cubrirá la parte trasera del techo, dejando una banda de 3 m de ancho de material reflectante en la parte delantera del techo. La pared frontal será reflectante y en la pared trasera se dispondrá un material absorbente acústico de coeficiente de absorción acústica similar al del techo.

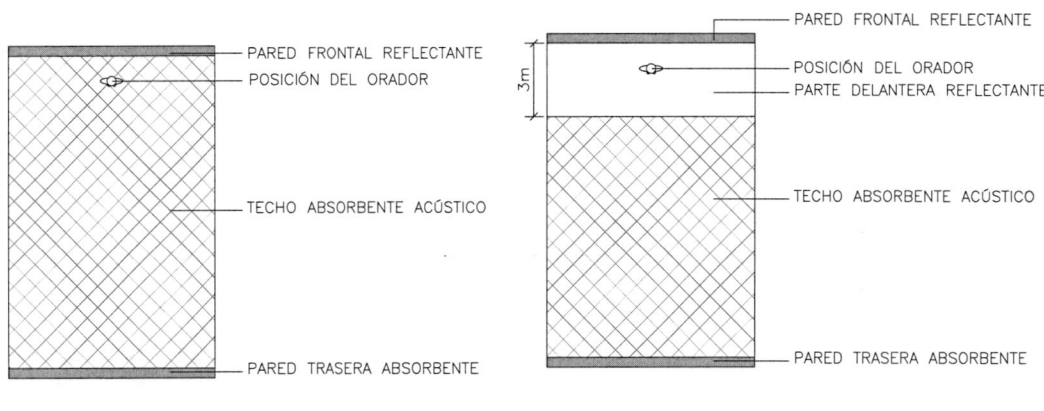

Opción 1   Opción 2

Figura J.1. Vista en planta de las opciones 1 y 2

4   Para valores iguales de absorción acústica total de los elementos que componen el recinto, es más recomendable disponer un pasillo central que dos pasillos laterales para el acceso de alumnos.

ANEJO K FICHAS JUSTIFICATIVAS

K.1 Fichas justificativas de la opción simplificada de aislamiento acústico

Las tablas siguientes recogen las fichas justificativas del cumplimiento de los valores límite de aislamiento acústico mediante la opción simplificada.

Tabiquería. (apartado 3.1.2.3.3)		
Tipo	**Características**	
	de proyecto	**exigidas**
	m (kg/m²)=	$\geq$
	R_A (dBA)=	$\geq$

Elementos de separación verticales entre *recintos* (apartado 3.1.2.3.4)

Debe comprobarse que se satisface la opción simplificada para los elementos de separación verticales situados entre:
 a) *un recinto de una unidad de uso* y cualquier otro del edificio;
 b) un *recinto* protegido o habitable y un *recinto de instalaciones* o un *recinto de actividad.*

Debe rellenarse una ficha como ésta para cada elemento de separación vertical diferente, proyectados entre a) y b)

Solución de elementos de separación verticales entre:...

Elementos constructivos		**Tipo**	**Características**	
			de proyecto	**exigidas**
Elemento de separación vertical	Elemento base		m (kg/m²)=	$\geq$
			R_A (dBA)=	$\geq$
	Trasdosado por ambos lados		ΔR_A (dBA)=	$\geq$
Elemento de separación vertical con puertas y/o ventanas	Puerta o ventana		R_A (dBA)=	$\geq$ 20 30
	Cerramiento		R_A (dBA)=	$\geq$ 50

Condiciones de las *fachadas* a las que acometen los elementos de separación verticales

Fachada		**Tipo**	**Características**	
			de proyecto	**exigidas**
			m (kg/m²)=	$\geq$
			R_A (dBA)=	$\geq$

Elementos de separación horizontales entre *recintos* (apartado 3.1.2.3.5)

Debe comprobarse que se satisface la opción simplificada para los elementos de separación horizontales situados entre:
 a) *un recinto de una unidad de uso* y cualquier otro del edificio;
 b) un *recinto* protegido o habitable y un *recinto de instalaciones* o un *recinto de actividad.*

Debe rellenarse una ficha como ésta para cada elemento de separación horizontal diferente, proyectados entre a) y b)

Solución de elementos de separación horizontales entre:...

Elementos constructivos		**Tipo**	**Características**	
			de proyecto	**exigidas**
Elemento de separación horizontal	Forjado		m (kg/m²)=	$\geq$
			R_A (dBA)=	$\geq$
	Suelo flotante		ΔR_A (dBA)=	$\geq$
			ΔL_w (dB)=	$\geq$
	Techo suspendido		ΔR_A (dBA)=	$\geq$

Medianerías. (apartado 3.1.2.4)		
Tipo	**Características**	
	de proyecto	**exigidas**
	R_A (dBA)=	$\geq$ 45

Fachadas, cubiertas y suelos en contacto con el aire exterior (apartado 3.1.2.5)

Solución de *fachada, cubierta* o suelo en contacto con el aire exterior:.....................................

Elementos constructivos	**Tipo**	**Área [1] (m²)**	**% Huecos**	**Características**	
				de proyecto	**exigidas**
Parte ciega		=S_c		$R_{A,tr}$(dBA) =	$\geq$
Huecos		=S_h		$R_{A,tr}$(dBA) =	$\geq$

[1] Área de la parte ciega o del hueco vista dede el interior del *recinto* considerado.

K.2 Fichas justificativas de la opción general de aislamiento acústico

Las tablas siguientes recogen las fichas justificativas del cumplimiento de los valores límite de aislamiento acústico mediante el método de cálculo.

Tabiquería. (apartado 3.1.2.3.3)	Características	
Tipo	**de proyecto**	**exigidas**
	m (kg/m^2)= [____] $\geq$ [–]	
	R_A (dBA)= [____] $\geq$ [33]	

Elementos de separación verticales entre:					
Recinto emisor	**Recinto receptor**	**Tipo**	**Características**	**Aislamiento acústico**	
				en proyecto	**exigido**
Cualquier *recinto*[1] no perteneciente a la unidad de uso (si los *recintos* no comparten puertas o ventanas)	Protegido	*Elemento base*	m (kg/m^2)= [____] R_A (dBA)= [____]	$D_{nT,A}$ = [____] $\geq$ [50]	
		Trasdosado	ΔR_A (dBA)= [____]		
Cualquier *recinto*[1] no perteneciente a la *unidad de uso* (si los *recintos* comparten puertas o ventanas)		Puerta o ventana		R_A= [____] $\geq$ [30]	
		Cerramiento		R_A= [____] $\geq$ [50]	
De instalaciones		*Elemento base*	m (kg/m^2)= [____] R_A (dBA)= [____]	$D_{nT,A}$ = [____] $\geq$ [55]	
		Trasdosado	ΔR_A (dBA)= [____]		
De actividad		Elemento base	m (kg/m^2)= [____] R_A (dBA)= [____]	$D_{nT,A}$ = [____] $\geq$ [55]	
		Trasdosado	ΔR_A (dBA)= [____]		
Cualquier *recinto*[1] no perteneciente a la unidad de uso (si los *recintos* no comparten puertas o ventanas)	Habitable	*Elemento base*	m (kg/m^2)= [____] R_A (dBA)= [____]	$D_{nT,A}$ = [____] $\geq$ [45]	
		Trasdosado	ΔR_A (dBA)= [____]		
Cualquier *recinto*[1][2] no perteneciente a la *unidad de uso* (si los *recintos* comparten puertas o ventanas)		Puerta o ventana		R_A= [____] $\geq$ [20]	
		Cerramiento		R_A= [____] $\geq$ [50]	
De instalaciones (si los *recintos* no comparten puertas o ventanas)		Elemento base	m (kg/m^2)= [____] R_A (dBA)= [____]	$D_{nT,A}$ = [____] $\geq$ [45]	
		Trasdosado	ΔR_A (dBA)= [____]		
De instalaciones (si los *recintos* comparten puertas o ventanas)		Puerta o ventana		R_A= [____] $\geq$ [30]	
		Cerramiento		R_A= [____] $\geq$ [50]	
De actividad (si los *recintos* no comparten puertas o ventanas)		*Elemento base*	m (kg/m^2)= [____] R_A (dBA)= [____] ΔR_A (dBA)= [____]	$D_{nT,A}$ = [____] $\geq$ [45]	
		Trasdosado			
De actividad (si los *recintos* comparten puertas o ventanas)		Puerta o ventana		R_A= [____] $\geq$ [30]	
		Cerramiento		R_A= [____] $\geq$ [50]	

[1] Siempre que no sea *recinto de instalaciones* o *recinto de actividad*.
[2] Sólo en edificios de uso residencial o hospitalario;

Elementos de separación horizontales entre:						
Recinto emisor	**Recinto receptor**	**Tipo**	**Características**	**Aislamiento acústico en proyecto / exigido**		
Cualquier *recinto*[1] no perteneciente a la unidad de uso	Protegido	Forjado	m (kg/m^2)= R_A (dBA)= $L_{n,w}$ (dB)=	$D_{nT,A}$ = [ ]	$\geq$	50
		Suelo flotante	ΔR_A (dBA)= ΔL_w (dB)=			
		Techo suspendido	ΔR_A (dBA)= ΔL_w (dB)=	$L'_{nT,w}$ = [ ]	$\leq$	65
De instalaciones		Forjado	m (kg/m^2)= R_A (dBA)= $L_{n,w}$ (dB)=	$D_{nT,A}$ = [ ]	$\geq$	55
		Suelo flotante	ΔR_A (dBA)= ΔL_w (dB)=			
		Techo suspendido	ΔR_A (dBA)= ΔL_w (dB)=	$L'_{nT,w}$ = [ ]	$\leq$	60
De actividad		Forjado	m (kg/m^2)= R_A (dBA)= $L_{n,w}$ (dB)=	$D_{nT,A}$ = [ ]	$\geq$	55
		Suelo flotante	ΔR_A (dBA)= ΔL_w (dB)=			
		Techo suspendido	ΔR_A (dBA)= ΔL_w (dB)=	$L'_{nT,w}$ = [ ]	$\leq$	60
Cualquier *recinto*[1] no perteneciente a la unidad de uso	Habitable	Forjado	m (kg/m^2)= R_A (dBA)=	$D_{nT,A}$ = [ ]	$\geq$	45
		Suelo flotante	ΔR_A (dBA)=			
		Techo suspendido	ΔR_A (dBA)=			
De instalaciones		Forjado	m (kg/m^2)= R_A (dBA)=	$D_{nT,A}$ = [ ]	$\geq$	45
		Suelo flotante	ΔR_A (dBA)= ΔL_w (dB)=			
		Techo suspendido	ΔR_A (dBA)= ΔL_w (dB)=	$L'_{nT,w}$ = [ ]	$\leq$	60
De actividad		Forjado	m (kg/m^2)= R_A (dBA)=	$D_{nT,A}$ = [ ]	$\geq$	45
		Suelo flotante	ΔR_A (dBA)= ΔL_w (dB)=			
		Techo suspendido	ΔR_A (dBA)= ΔL_w (dB)=	$L'_{nT,w}$ = [ ]	$\leq$	60

[1] Siempre que no sea *recinto de instalaciones* o *recinto de actividad*.

Medianeras:

Emisor	*Recinto* receptor	Tipo	Aislamiento acústico
			en proyecto exigido
Exterior	**cualquiera**		$D_{2m,nT,Atr}=$ [ ] ≥ [**40**]

Fachadas, *cubiertas* **y suelos en contacto con el aire exterior**

Ruido Exterior	*Recinto* receptor	Tipo	Aislamiento acústico
			en proyecto exigido
$L_d=$ [ ]	**Protegido**	Parte ciega: Huecos:	$D_{2m,nT,Atr}=$ [ ] ≥ [ ]

K.3 Fichas justificativas del método general del *tiempo de reverberación* y de la absorción acústica

La tabla siguiente recoge la ficha justificativa del cumplimiento de los valores límite de *tiempo de reverberación* y de absorción acústica mediante el método de cálculo

Tipo de recinto:... Volumen, V (m³): [ ]						
Elemento	Acabado	S Área, (m²)	Coeficiente de absorción acústica medio α_m			Absorción acústica (m²) $\alpha_m \cdot S$
			500	1000	2000	α_m
Suelo						
Techo						
Paramentos						
Objetos[1]	Tipo	Área de absorción acústica equivalente media, $A_{O,m}$ (m²)			$A_{O,m}$	$A_{O\cdot m} \cdot N$
		500	1000	2000		
Absorción aire [2]		Coeficiente de atenuación del aire, $\overline{m}_m$ (m⁻¹)			$\overline{m}_m$	$4 \cdot \overline{m}_m \cdot V$
		500	1000	2000		
		0,003	0,005	0,01	0,006	
A, (m²) Absorción acústica del *recinto* resultante	$A = \sum_{i=1}^{n} \alpha_{m,i} \cdot S_i + \sum_{j=1}^{N} A_{O,m,j} + 4 \cdot \overline{m}_m \cdot V$					
T, (s) *Tiempo de reverberación* resultante	$T = \dfrac{0{,}16\ V}{A}$					

Absorción acústica resultante de la *zona común* A (m²)= [ ]	$\geq$	Absorción acústica exigida [ ] =0,2·V
Tiempo de reverberación resultante T (s)= [ ]	$\leq$	*Tiempo de reverberación* exigido [ ]

[1] Sólo para salas de conferencias de volumen hasta 350 m³
[2] Sólo para volúmenes mayores a 250 m³

K.4 Fichas justificativas del método simplificado del *tiempo de reverberación*

La tabla siguiente recoge la ficha justificativa del cumplimiento de los valores límite de *tiempo de reverberación* mediante el método simplificado.

Tratamientos absorbentes uniformes del techo:				
Tipo de recinto		**h** **Altura libre, (m)**	**S_t** **Área del techo. (m^2)**	**$\alpha_{m,t}$** **Coeficiente de absorción acústica medio**
Aulas (hasta 250 m³)	**Sin butacas tapizadas**			$\alpha_{m,t} = h \cdot \left(0{,}23 - \dfrac{0{,}12}{\sqrt{S_t}}\right)$ = [＿＿＿]
	Con butacas tapizadas			$\alpha_{m,t} = h \cdot \left(0{,}32 - \dfrac{0{,}12}{\sqrt{S_t}}\right) - 0{,}26 =$ [＿＿＿]
Restaurantes y comedores				$\alpha_{m,t} = h \cdot \left(0{,}18 - \dfrac{0{,}12}{\sqrt{S_t}}\right)$ = [＿＿＿]

Tratamientos absorbentes adicionales al del techo:							
Elemento	**Acabado**	**S** **Área, (m^2)**	**α_m** **Coeficiente de absorción acústica medio**				**Absorción acústica (m^2)** $\alpha_m \cdot S$
			500	**1000**	**2000**	**α_m**	

$$\sum_{i=1}^{n} \alpha_{m,i} \cdot S_i = \alpha_{m,t} \cdot S_t =$$